高等院校信息科学与电子工程系列精品教材

Electrical and Electronic Engineering Training

电工电子工程训练

（第二版）

主　编　潘丽萍

副主编　干　于　王　旆

　　　　熊素铭　赵江萍

ZHEJIANG UNIVERSITY PRESS
浙江大学出版社
·杭州·

图书在版编目(CIP)数据

电工电子工程训练 / 潘丽萍主编. -- 2 版.
杭州：浙江大学出版社，2024. 8. -- ISBN 978-7-308
-25140-2

Ⅰ. TM；TN

中国国家版本馆 CIP 数据核字第 20245DQ766 号

电工电子工程训练(第二版)
DIANGONG DIANZI GONGCHENG XUNLIAN

主　编　潘丽萍

副主编　干　于　王　旆　熊素铭　赵江萍

责任编辑　王元新
责任校对　阮海潮
封面设计　春天书装
出版发行　浙江大学出版社
　　　　　（杭州市天目山路 148 号　邮政编码 310007）
　　　　　（网址：http://www.zjupress.com）
排　　版　杭州星云光电图文制作有限公司
印　　刷　广东虎彩云印刷有限公司绍兴分公司
开　　本　787mm×1092mm　1/16
印　　张　14
字　　数　332 千
版 印 次　2024 年 8 月第 2 版　2024 年 8 月第 1 次印刷
书　　号　ISBN 978-7-308-25140-2
定　　价　45.00 元

浙江大学出版社市场运营中心联系方式：0571-88925591；http://zjdxcbs.tmall.com

前　言

《电工电子工程训练》自 2010 年正式出版以来,作为面向全校学生的通识课程"电工电子工程训练"的教学用书,同时也用作大一工科学生暑期电工电子类实践课程的教材,受到了学生与同行的充分肯定。课程自 2006 年开设以来,得到了学生的一致认可和好评。

习近平总书记在党的二十大报告中提出要努力培养造就更多的卓越工程师、大国工匠、高技能人才等,因此新版的教材结合课程标准,力求培养学生树立"大国工匠"精神,提高学生理论联系实际和运用知识解决工程问题的能力,提升学生的工程素养和创造性思维,培养其团队合作精神,造就一大批多样化和创新型卓越工程科技人才,更好地为我国的工程人才培养服务,为新工科建设提供支持。

2015 年教材进行了修订出版,保留了 2010 年版教材的基本内容和章节安排,仅对某些内容做了适当的调整,将原来的印刷线路板设计软件 Protel 99SE 升级为 Altium Designer,增加了部分实验内容。

2024 年这次修订在 2015 年版的基础上,对第一篇的基础知识的结构做了些调整,使之更加合理;对某些传统内容进行了删除和进一步简化,结合新技术的发展,对一些原有的内容进行了更新。第二篇的实验部分,对原有的内容进行了扩充,增加了可编程控制器的介绍和应用,电子产品的制作部分增加了趣味性和实用性内容。

本教材由浙江大学电工电子基础教学中心"电工电子工程训练"课程组组织编写,潘丽萍担任主编。第一篇的第 1 章由赵江萍执笔,第 2 章由潘丽萍执笔,第 3 章由王旆执笔,第 4 章由熊素铭执笔;第二篇的实验一至实验三由潘丽萍执笔,实验四由赵江萍执笔,实验五至实验八以及附录由干于执笔,实验九由王旆执笔。

本教材在修订过程中得到了浙江大学出版社的很多帮助,以及浙江大学本科生院、电气工程学院和电工电子基础教学中心有关领导及同志的关心与支持,在此深表感谢。

对本教材存在的缺点和疏漏,恳请使用本教材的老师、同学及其他读者批评指正。编者邮箱:panliping@zju.edu.cn。

编者
2024 年 3 月

目　录

第一篇

基础知识

第1章 低压配电系统及安全用电

1.1 电能的产生、输送和分配

1.1.1 电能的产生

电能是一种二次能源,由一次能源加工或转换而来。电能以清洁安全、输送快捷、控制灵活等特点,成为人类社会的重要能源,在工业、农业、教育、交通、国防和日常生活中被广泛使用。电能的获取形式多样,其中火力发电是目前电能获取的主要形式,但随着化石能源的不断减少,以及人类对于环境保护和可持续发展的要求,水力发电、风力发电和光伏发电等清洁能源发电技术已成为电能获取的发展趋势。

1. 火力发电

火力发电是将煤、石油、天然气等燃料的化学能转换成电能的过程。其基本过程是:锅炉将燃料的化学能转化为蒸汽热能,汽轮机将蒸汽热能转化为机械能,发电机再将机械能转化为电能。锅炉、汽轮机、发电机是火力发电厂的三大主机。

火力发电技术成熟,并且火力发电不受自然条件的限制,比较容易调度、控制。但火力发电需要消耗化石燃料资源,不仅化石燃料的运输会增加发电成本,而且化石燃料的燃烧会排放烟灰,对周围的环境造成污染。虽然脱硫除尘技术已广泛应用于火力发电厂,但还未能达到零排放。

2. 水力发电

水力发电是将水的势能转换成电能的过程。其基本过程是:具有较高势能的水沿压力输水管流经水轮机,水流带动水轮机旋转,水能转换成水轮机旋转的机械能,水轮机转轴带动发电机,发电机将机械能转换成电能。由此可见,水的流量和上下游水位差(水头)是水能的两大要素,也是发电厂装机容量的主要因素。

根据水力发电的特点,水力发电厂可以分为径流式水电站、水库调节式水电站和抽水蓄能式发电站。其中,抽水蓄能式发电站是一种特殊形式的水电站,具有上、下两级水库。在电力负荷低谷时,将下水库的水抽到上水库内,能量蓄存在上水库中;在电力系统负荷高峰时,上水库的水能用来发电。所以,抽水蓄能式发电站既是电源又是负荷,具有填谷调峰、平衡电网和事故备用等功能。

水力发电具有发电成本低、清洁低碳、安全可靠等优点,兼具防洪、灌溉、航运等社会效益。但水电站的建设通常是大工程,在不同程度上受到自然条件限制。

3. 风力发电

风力发电是将风的动能转化成电能的过程。其基本过程是:流动的空气推动风力机的风轮叶片转动,将空气动能转化为风轮的旋转机械能,再经过增速齿轮箱,通过高速轴驱动发电机发电,将旋转机械能转化为电能。风力发电机组通常由风力机等机械部分和发电机、控制系统、变压器及线路等电气部分共同组成。

风力发电是目前最成熟、开发规模最大和极具商业化发展潜力的可再生能源发电技术。风力发电机组建设周期短,投资规模灵活,运行简单,可以做到无人值守,独立运行,能够解决偏远地区供电问题。但风力发电机组在运行过程中会发出噪声,对环境有一定影响。

4. 光伏发电

光伏发电是将太阳光能直接转换成电能的过程,该过程利用了半导体光生伏特效应。其基本流程是:太阳光照射在光伏板上,光能转换成电能,此时的电为直流电,通过逆变器,把直流电转换成交流电,再通过升压变压器转变成可以被日常使用的交流电。光伏发电系统主要由光伏电池及其组件(太阳能电池板)、逆变器、升压变压器、控制器等构成。

光伏发电较少受地域限制,且安全可靠、无噪声、维护成本低,是极具开发潜力的新能源发电方式。转化效率是影响光伏发电技术应用的关键因素之一。目前,晶硅光伏电池技术较为成熟,市场份额超过 90%;薄膜光伏电池技术正处于快速发展阶段,效率和价格竞争力正不断提高。提升光伏电池转换效率是未来光伏电池技术的主要发展方向。

5. 其他发电技术

水力发电、风力发电、光伏发电,随着技术进步和成本下降,已经实现规模化应用。此外,光热发电、地热能发电、海洋能发电等也极具发展潜力。光热发电是除光伏发电外另一种常见的太阳能发电技术,实现了"光—热—电"的转换。地热能发电则是利用地热资源进行发电,基本原理与火力发电类似。海洋能发电是利用海洋能量进行发电的总称,包括潮汐能发电、波浪能发电、海流能发电、温差能发电、盐差能发电等。

1.1.2　三相交流电源及连接形式

交流电路一般指正弦交流电路,也就是具有正弦交流电源的电路。电厂所发的电都是三相交流电。三相交流电由图 1-1-1(a)所示的三相交流发电机定子绕组输出,这三个绕组相当于图 1-1-1(b)所示的三个独立正弦电源,如以 u_U 作为参考,则这三个电源的电压瞬时表达式分别为:

$$\begin{cases} u_U = \sqrt{2}U_p\sin\omega t \\ u_V = \sqrt{2}U_p\sin(\omega t - 120°) \\ u_W = \sqrt{2}U_p\sin(\omega t + 120°) \end{cases} \quad (1.1.1)$$

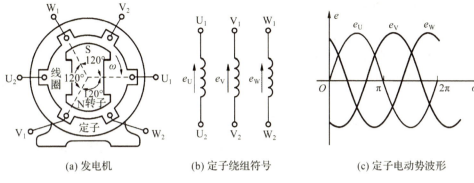

(a) 发电机　　　　　(b) 定子绕组符号　　　　(c) 定子电动势波形

图 1-1-1　三相交流电源

上述三个正弦电压的振幅和频率都相同,彼此间的相位差相等,且都等于120°,这样的一组电压,被称为对称三相电压。这三个电压到达最大值(或零值)的先后次序叫相序。由式(1.1.1)可见,最先到达正最大值的是 u_U,其次是 u_V,最后是 u_W。因此,它们的相序是 U-V-W,叫作正相序(顺相序)。若相序是 U-W-V,叫作负相序(逆相序)。

通常把三相电源(包括发电机和变压器)的三相绕组接成星形或三角形向外供电。

1. 三相绕组的星形(Y形)连接

把三相发电机三个定子绕组的末端 U_2、V_2、W_2 连接在一起,其连接点用"N"表示,就构成了星形(Y形)连接,如图 1-1-2 所示。公共点 N 称为中点,U_1、V_1、W_1 三端将电能输送出去,这三根输电线称为火线,分别用黄、绿、红色标出。图中每个电源的电压称为相电压,用 u_p 表示,如 u_U、u_V、u_W 即为相电压。火线之间的电压称为线电压,用 u_l 表示,如 u_{UV}、u_{VW}、u_{WU} 即为线电压。线电压的参考方向定为 U 指向 V,V 指向 W,W 指向 U,则

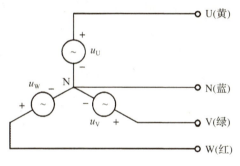

图 1-1-2　三相电源的星形连接

$$\begin{cases} u_{UV} = u_U - u_V \\ u_{VW} = u_V - u_W \\ u_{WU} = u_W - u_U \end{cases} \tag{1.1.2}$$

根据分析结果,线电压也是三相对称的。其线电压有效值为:

$$U_l = 2U_p \cos 30° = \sqrt{3} U_p \tag{1.1.3}$$

当三相电源作星形连接时,其线电压是相电压的 $\sqrt{3}$ 倍,在相位上较对应的相电压超前30°。根据需要作星形连接的三相电源,可以从 N 点引出中线,也可以不引出中线。引出三根火线,且从 N 点引出中线的,称三相四线制电源。通常三相电源的中点 N 总是可靠接地,因此引出的中线 N 也叫零线或地线。三相四线制电源可以供给用户两种数值的电压,如配电线路中用得很普遍的 380/220V。其中 220V 为相电压,380V 是线电压,线电压是相电压的 $\sqrt{3}$ 倍。引出三根火线,且不从 N 点引出中线的,称为三相三线制电源。

2.三相绕组的三角形(△)连接

三相电源的另一种接法是三角形连接,或称△连接,如图1-1-3所示。将三相电源一相定子绕组的始端与另一相绕组的末端相连,顺序连接成 U_1U_2-V_1V_2-W_1W_2-U_1U_2,再从各连接点 U、V、W 引出三根火线。这种连接法中是没有中线的,线电压等于相电压,即

$$U_1 = U_p \qquad (1.1.4)$$

由电路原理可知,闭合回路中三组相电压之和恒为零,即

$$u_U + u_V + u_W = 0 \qquad (1.1.5)$$

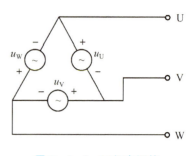

图 1-1-3　三相电源的三角形连接

1.1.3　电能的输送和分配

电能从生产到消费一般要经过发电、输电、配电和用电四个环节。电能是输送和取用都很方便的动力能。电能的生产、输送、分配和使用全过程,实际上是在同一瞬间实现的。这个过程是由发电厂、供电局(所)、变电所、配电变压器和用户紧密联系起来一起完成的。图1-1-4表示从发电厂到用户的输电过程。

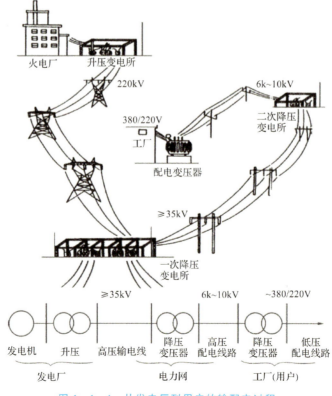

图 1-1-4　从发电厂到用户的输配电过程

由发电厂、电力网和用户所组成的一个整体,称为电力系统(见图1-1-5)。

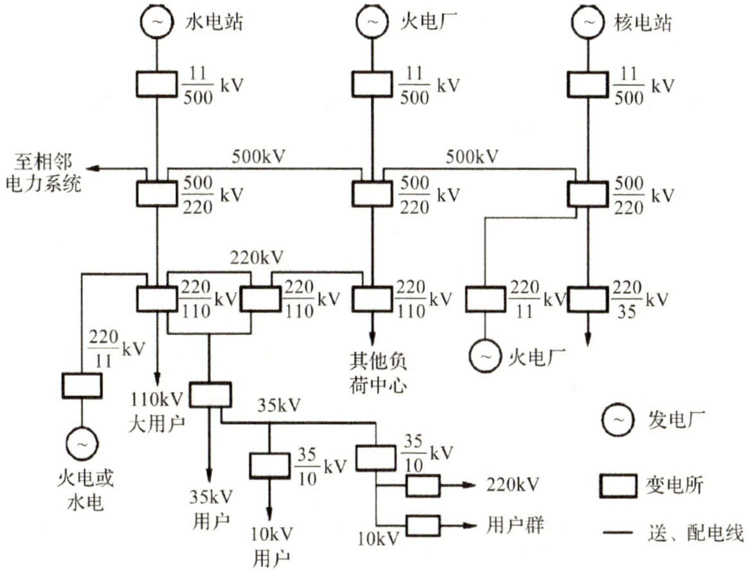

图1-1-5　电力系统

电力网(简称电网)是电力系统的一部分。它是所有变、配电所的电气设备以及各种电压等级线路组成的统一整体,它的作用是将电能转送和分配给各用电单位。

电能是由发电厂生产的。由于发电机绝缘条件的限制,发电机的最高电压一般在22kV及以下。但是,发电厂与用电负荷集中地点(也称负荷中心)往往相距几十、几百甚至上千公里之远,为了降低线路的电能损耗、增大电能输送的距离,发电厂发出的电能通常需要通过升高电压才能接入不同电压等级的输电系统,然后通过变电所变成较低一级的电压,再经配电线路将电能送往各用户。在电力系统中,需要多次采用升压或降压变压器对电压进行变换,也就是说,在电力系统中采用了很多不同的电压等级。

输电系统的电压等级一般分为高压、超高压和特高压。对我国目前绝大多数交流电网来说,高压电网指的是110kV和220kV电压等级的电网,超高压电网指的是330kV、500kV和750kV电压等级的电网,特高压电网指的是1000kV交流电压等级和±800kV直流电压等级的输电系统。同一个电网采用了不同的电压等级,这些电压等级组成该电网的电压序列。目前,我国大部分电网的电压序列是500/220/110/35/10/0.38kV。电能送到负荷中心后经过地区变电站降压到10kV,然后再由10kV配电线路输送到配电变压器,最后经过配电变压器将电压变成0.38kV供电力用户使用。用户的用电电压,除少数大功率电动机采用较高一级的电压外,一般用电电压均为交流220/380V。

在电压等级不变的情况下,远距离输电意味着线路电能耗损的增加。因此,根据输电线路的长度不同,需要选择的电压等级也不同。输电线路的功率损耗和电能损耗与电流的平方成正比。当输送电能的功率给定后,提高输电线路的电压等级将降低输电线路的电流,从而减少输电线路上的电能损耗。电流的减小,使得导线的截面积也可以减小,用于导线的投资也越少。但是,随着输电线路电压等级的提高,对线路的绝缘要求也就越高,杆塔、变压器、开关等的投资也随之增长。一般通过理论计算和一些经验数据来确定两者之间的最佳结合点，从而最终决定输电线路的输电电压等级、最大输送功率和输送距离。表1-1-1中列出了现有不同输电线路电压等级与输送容量、输送距离的大致范围。

表 1-1-1　输电电压与输送容量、输送距离的大致范围

输电电压/kV	输送容量/MW	输送距离/km
110	10～50	50～150
220	100～500	100～300
330	200～800	200～600
500	1000～1500	150～850
750	2000～2500	500 以上

1.2　低压供配电系统

配电是在消费电能的地区接收输电网受端的电力，然后进行再分配，输送到城市、郊区、乡镇和农村，并进一步分配和供给工业、农业、商业、居民以及特殊需要的用电部门。与输电网类似，配电网主要由电压相对较低的配电线路、开关设备、互感器和配电变压器等构成。配电网几乎都采用三相交流配电网。

用电主要是通过安装在配电网上的变压器，将配电网上电压进一步降低到380V线电压的三相电或220V相电压的单相电，然后经过用电设备将电能转换为其他形式的能量。

工厂供电线路按电压等级高低分为高压配电线路（1kV以上）和低压配电线路（1kV以下），如图1-2-1所示。

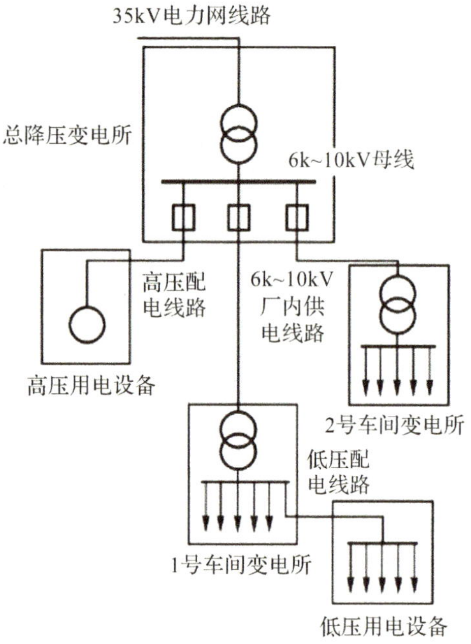

1.2.1　低压供电系统

图 1-2-1　工厂配电系统

从变压器二次侧到用户的用电设备采用380/220V低压线路供电，称为低压供电系统。

《供配电系统设计规范》根据对供电可靠性的要求及中断供电对人身安全、经济损失所造成的影响程度，从安全和经济损失两个方面，将用电负荷依次分为一级负荷、二级负荷及三级负荷。普通民用设施通常为三级负荷，其供电一般只需设立一个简单的降压变压器，电源进线为10kV，降为低压380/220V，其供电系统如图1-2-2所示。

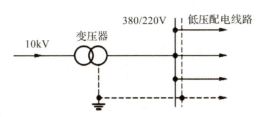

图 1 - 2 - 2　小型工业和民用设施的低压供电系统

照明、电热以及中、小功率电动机等用电设备的供电一般采用 380/220V 三相四线制。380/220V 三相四线制低压供电系统如图 1 - 2 - 3 所示。

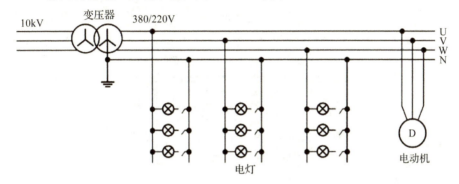

图 1 - 2 - 3　三相四线制低压供电系统

1.2.2　低压配电系统

低压配电系统由低压配电装置(低压配电箱)及低压配电线路(干线及支线)组成。低压配电电压应采用 380/220V。带电导体系统的形式宜采用单相二线制、二相三线制、三相三线制和三相四线制。在正常环境的车间或建筑物内,当大部分用电设备为中小容量,且无特殊要求时,宜采用树干式配电。当用电设备为大容量,或负荷性质重要,或在有特殊要求的车间、建筑物内,宜采用放射式配电。当部分距离供电点较远,而彼此相距很近、容量很小的次要用电设备,可采用链式配电,但每一回路环链设备不宜超过 5 台,其总容量不宜超过 10kW。容量较小的用电设备的插座,采用链式配电时,每一条环链回路的设备数量可适当增加。

在高层建筑物内,当向楼层各配电点供电时,宜采用分区树干式配电;由楼层配电间至用户配电箱的配电,宜采用放射式配电;但对于部分容量较大的集中负荷或重要用电设备,应从变电所低压配电室以放射式配电。

如图 1 - 2 - 4 所示,一组低压用电设备(如电灯)接入一条支线,若干条支线接入一条干线,若干条干线接入一条总进户线。汇集支线接入干线的配电装置称为分配电箱,汇集干线接入总进户线的配电装置称为总配电箱。一般从变压器二次侧至用电设备的低压配电级数不超过三级,各级低压配电箱(柜)宜根据发展需要预留备用回路。图 1 - 2 - 4 所示配电系统称为树干式系统,而对于一些较大或较重要的负荷,应设置低压配电室,并宜采用从低压配电室以放射式配电。

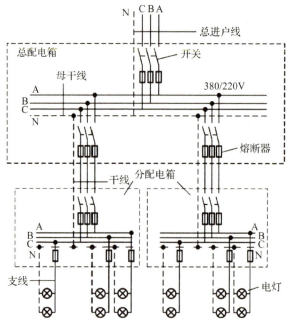

图 1-2-4　低压配电系统

对于高层建筑、学校、医院等不同对象,其配电要求也是不同的,详见国家标准《民用建筑电气设计标准》(GB 51348—2019)里的有关规定。图 1-2-5 所示为住宅常用的室内配电箱。

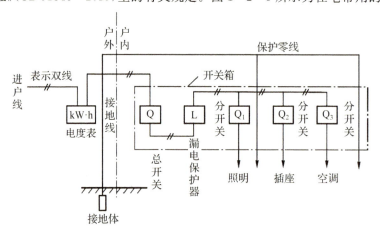

图 1-2-5　室内配电箱

1.2.3　微电网系统

随着太阳能、风能和水能等可再生能源的大规模开发和利用,分布式发电取得了广泛应用。分布式电源安装灵活、靠近负荷,可以满足不同的场景需求。为充分发挥分布式电源的优势,促进能源绿色发展,微电网系统应运而生。微电网的建设,不仅有利于分布式电源和可再生能源的就地消纳,而且可以建立多元融合、供需互动、高效配置的能源生产与消费模式,服务于"双碳"目标的实现。

1. 微电网的定义和结构

微电网是指由分布式电源、用电负荷、配电设施、监控和保护装置等组成的小型发配用电系统。高电压的电网通常被称为大电网,而微电网则运行在中低压状态。微电网是独立的电网系统,可以在不接入大电网的情况下独立运行。微电网的类型较多,其典型结构如图 1-2-6 所示。

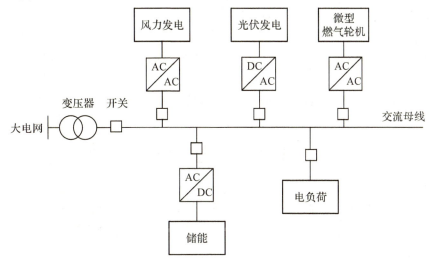

图 1-2-6　微电网典型结构

从图 1-2-6 中可以看到,在微电网中,电能的产生主要经由光伏发电、风力发电等可再生能源发电,同时加入天然气等清洁能源发电形式。在微电网中,电能传输主要以交流电的形式进行。光伏发电的直流电能需要经过逆变器,转变成定频定压或调频调压到交流电,从而接入交流母线中。储能是重要的一个环节,通过储能介质或设备将多余的电能存储起来,在需要的时候再将其释放利用,达到电能高效利用的目的。根据能量存储的方式,储能一般分为物理储能、化学储能和电磁储能。以电池形式的化学储能较为常见,目前普遍采用锂离子电池进行储能。电化学储能以直流电形式进行电能的存储和释放,当接入交流母线时,需要通过储能变流器(PCS)进行交直流转换。

2. 微电网的特点

微电网是随着分布式可再生能源的开发和利用而发展起来的,是协调可再生能源和用户用电负荷的理想平台,具有独立性、交互性和清洁性的特点。

(1)独立性。微电网内部具有独立的控制系统,在一定条件下可以脱离外部大电网运行,具备电力供需自我平衡的能力。在微电网设计中,一般要求微电网独立运行时能保障重要负荷连续供电。

(2)交互性。微电网在必要时可以与外部大电网进行功率交换,既可以向外电网输出电能,也可以从外电网获取电能,交换的功率和时间具有可控性,与并入的电网具有友好互动性。

（3）清洁性。微电网的电压等级低、容量小，电源以当地可再生能源发电为主，或以天然气多联供等能源综合利用为目标的发电形式，燃料电池等新型清洁技术也有应用。电能获取实现了低碳排放，甚至零碳排放。

3. 微电网的分类

微电网能够满足城市、新型城镇和新农村的多元化发展需求。在微电网中，分布式电源、可控负荷、储能等资源形式各异。按照不同分类方法，微电网可以分为不同类型。

（1）按照与大电网的连接关系分类，微电网可以分为独立型微电网和并网型微电网。

（2）按照交直流类型分类，微电网可以分为直流型微电网、交流型微电网和交直流混合型微电网。

（3）按照使用场地分类，微电网可以分为住宅微电网、工商业微电网、农渔微电网和海岛微电网。

此外，还可以根据微电网的用电规模、微电网的复杂程度等进行分类。

1.3　安全用电

用电安全包括人身安全和设备安全。若发生人身事故，轻则灼伤，重则死亡。若发生设备事故，则会损坏设备，而且容易引起火灾或爆炸，因此必须十分重视安全用电并具备安全用电的基本知识。

人体触电是指人作为一种导电体，触及有电位差的带电体后，电流流过人体而造成伤害。

1.3.1　触电的种类及伤害

1. 电击

电击是指电流通过人体对细胞、神经、骨骼及器官等造成伤害。这种伤害通常表现为针刺感、压迫感、打击感、肌肉抽搐、神经麻痹等，严重时将引起昏迷、窒息，甚至心脏跳动停止而死亡。

电击是造成触电死亡的主要原因，电击往往在人体的外表没有显著的痕迹，主要伤害在人体内部，目前较一致的看法是电流流过人体引起心室纤维性颤动，使心脏功能失调、供血中断、呼吸停止，从而导致死亡。

2. 电伤

电伤是电流的热效应、化学效应、机械效应等对人体造成的伤害。电伤一般在电流较大和电压较高的情况下发生。电伤属局部性伤害，一般会在肌体表层留下明显伤痕。在触电伤亡事故中，纯电伤或带电伤性质的约占 75%。电伤的形式有电烧伤、电烙印、皮肤金属化、机械损伤、电光眼等。

（1）电烧伤。电烧伤是由电流热效应造成的伤害,分为电流灼伤和电弧烧伤,大部分触电事故都含有电烧伤的成分。

（2）电烙印。电烙印是指人体与带电体接触后,在皮肤上留下的瘢痕。瘢痕处皮肤硬化、坏死,失去原有的弹性、色泽。

（3）皮肤金属化。皮肤金属化是指熔化、蒸发的金属微粒渗入皮肤表层,使得皮肤粗糙坚硬,并呈现特殊颜色的伤害。皮肤金属化一般会与电弧烧伤同时发生。

（4）机械损伤。机械损伤是指电流作用于人体时,由于中枢神经反射、肌肉强烈收缩等作用导致的机体组织断裂、关节脱位、骨折等伤害。

（5）电光眼。电光眼是指发生弧光放电时,由红外线、可见光、紫外线对眼睛造成的伤害,主要表现为角膜炎或结膜炎。

3.二次伤害

二次伤害是指人体触电所引起的坠落、碰撞造成的伤害。此外,触电后不正确的救治,如错误地搬运、按压,也会导致身体二次伤害。

1.3.2　电流对人体的伤害

触电伤亡主要是电流对人体的影响。电流对人体的伤害程度与通过人体电流的大小、持续时间、频率、通过人体的部位及触电者的健康状况等因素有关。

1.电流大小对人体的影响

通过人体的电流越大,人体反应越明显,感觉越强烈,引起心室颤动所需的时间越短,致命性就越强。以工频交流电对人体的影响为例,按照通过人体的电流大小和生理反应,可将其划分为下列三种情况:

（1）感知电流。它是指引起人体感知的最小电流。实验表明,成年人的感知电流有效值为 0.7～1mA,感知电流一般不会对人体造成伤害,但当电流增大时,人体反应变得强烈,可能造成坠落等间接事故。

（2）摆脱电流。它是指人触电后能自行摆脱的最大电流。一般成年人的摆脱电流在 15mA 以下,摆脱电流被认为是人体只在较短时间内可以忍受而一般不会造成危害的电流。

（3）致命电流。它是指在较短时间内危及生命的最小电流。电流达到 50mA 以上就会引起心室颤动,有生命危险。而一般情况下,30mA 以下的电流通常在短时间内不会造成生命危险,通常也把该电流称为安全电流。

2.电流通过人体时间的影响

电流流过人体的时间越长,对人体的伤害程度越严重,这是因为电流使人体发热和人体组织的电解液成分增加,导致人体电阻降低,反过来又使通过人体的电流增大,触电后果越发严重。

3.流过人体电流的频率对人体的影响

常用的 50～60Hz 的工频交流电对人体的伤害程度最为严重。当电源的频率离工频越远时，对人体的伤害程度越轻。但较高电压的高频电流对人体依然是十分危险的。

4. 人体电阻的影响

人体电阻因人而异，且影响其数值大小的因素很多，皮肤状况（如厚薄）、多汗否、有无带电灰尘、与带电体的接触情况（如接触面积）和压力大小等均会影响人体电阻值的大小。一般情况下，人体电阻为 $1000\sim2000\Omega$。

5. 电压大小的影响

作用于人体的电压越高，人体电阻下降越快，致使电流迅速增加，对人体造成的伤害越严重。

6. 电流路径的影响

电流通过头部会使人昏迷甚至死亡；通过脊髓会导致截瘫；通过中枢神经，会引起中枢神经系统严重失调而导致残废；通过心脏会造成心跳停止而死亡；通过呼吸系统会造成窒息。从右手到脚、从手到手都属危险路径，从左手至脚是最危险的电流路径，从脚到脚属危险较小的路径。

1.3.3 触电方式

当人体不慎接触到带电体便是触电。触电对人体的伤害程度与通过人体的电流大小、电流频率、电流通过人体的路径、触电持续时间等因素有关。当通过人体的电流很微小时，仅使触电部分的肌肉发生轻微痉挛或刺痛。一般认为，当通过人体的电流超过 50mA 时，肌肉的痉挛加剧，使触电者不能自行脱离带电体，持续一定时间便会导致中枢神经系统麻痹，严重时可能引起死亡。

按照人体触及带电体的方式，触电一般分为单相触电和两相触电。

1. 单相触电

单相触电是指人体某一部位触及一相带电体的触电方式。图 1-3-1 所示为比较常见的单相触电示意图。

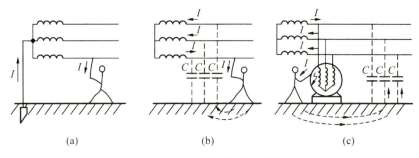

图 1-3-1 单相触电示意图

图 1-3-1(a)为中性点直接接地的三相电源，人站在地面上触及一根相线，这时人体处于相电压下，电流将从人体经大地回到电源中性点。如果脚与地面绝缘良好，回路电阻较大，流过人体的电流较小，危险性也就较小。反之，如果身体出汗或湿脚着地，回路电阻

较小而电流较大,就十分危险。

图1-3-1(b)为中性点不接地的三相电源,由于输电线与大地之间有电容存在,交流电可经这种分布电容C构成通路而流过人体。如果三相电源某一相对地的绝缘性能较差(绝缘电阻较小),则通过人体时可能形成一定的电流,引起触电。

图1-3-1(c)是人体与正常工作时不带电的金属部分接触。例如,电动机、电子仪器等的外壳在正常情况下是不带电的,但由于绝缘层损坏,使内部带电部分与外壳相碰,于是人体触及带电的外壳而造成触电。单相触电在触电事故中的比例最高。一般来说,中性点接地电网的触电比不接地电网的危险性大。

2. 两相触电

两相触电是指人体同时触及电源的两相带电体,电流由一相经人体流入另一相,如图1-3-2所示。此时加在人体上的最大电压为线电压。两相触电与电网的中性点接地与否无关,其危险性最大,触电所造成的后果比单相触电要严重得多。

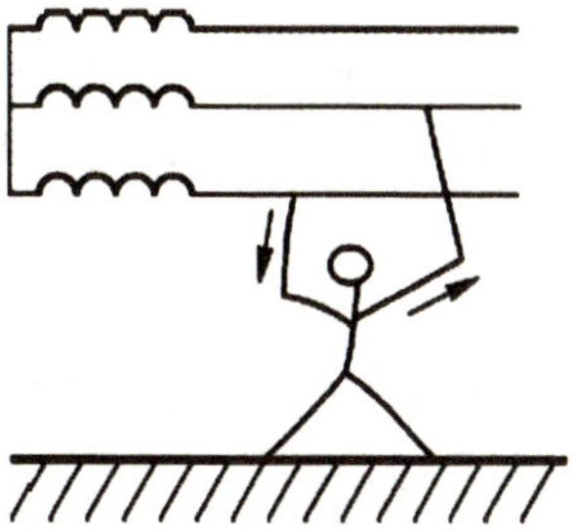

3. 跨步电压触电

当带电体接地时,电流由接地点向大地流散,在以接地点为圆心、一定半径(通常20m)的圆形区域内电位梯度由高到低分布,人进入该区域,沿半径方向两脚之间(间距以0.8m计)存在的电位差称为跨步电压U_{ST},由此引起的触电事故称为跨步电压触电,如图1-3-3(a)所示。跨步电压的大小取决于人体站立点与接地点的距离,距离越小,其跨步电压越大。当距离超过20m(理论上为无穷远处),可认为跨步电压为零,不会有触电的危险。

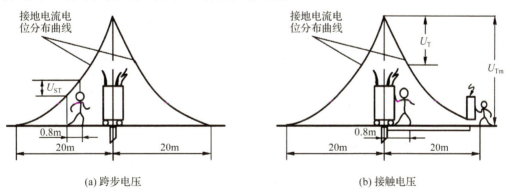

图1-3-2　两相触电

(a) 跨步电压　　　　(b) 接触电压

图1-3-3　跨步电压和接触电压

4. 接触电压触电

电气设备由于绝缘损坏或其他原因造成接地故障时,如果人体两个部分(手和脚)同时接触设备外壳和地面,人体两部分会处于不同的电位,其电位差即接触电压。由接触电压造成的触电事故称为接触电压触电。在电气安全技术中,接触电压是以站立在距漏电设备接地点水平距离为0.8m处的人,手触及的漏电设备外壳距地1.8m高时,手脚间的电位差U_T作为衡量基准,如图1-3-3(b)所示。接触电压值的大小取决于人体站立点与接地点的距离,距离越远,则接触电压值越大;当超过 20m 时,接触电压值最大,即等于漏电设备上的电压 U_{Tm};当人体站在接地点与漏电设备接触时,接触电压为零。

5. 感应电压触电

当人触及带有感应电压的设备和线路时所造成的触电事故称为感应电压触电。一些不带电的线路由于大气变化(如雷电活动),会产生感应电荷;停电后一些可能感应电压的设备和线路如果未及时接地,这些设备和线路对地均存在感应电压。

6. 剩余电荷触电

剩余电荷触电是指当人触及带有剩余电荷的设备时,设备对人体放电造成的触电事故。带有剩余电荷的设备通常含有储能元件,如并联电容器、电力电缆、电力变压器及大容量电动机等,在退出运行和对其进行类似摇表测量等检修后,会带上剩余电荷,因此要及时放电。

1.3.4 触电急救措施

一旦发生触电事故,应立即组织急救,急救过程要求动作迅速、方法正确。其基本流程是:设法让触电者身体与导体分开,将其救至安全地点,迅速施行触电急救。

发生人身触电事故时,为了抢救生命,紧急停止所触电源设备,使触电者尽早脱离电源的伤害是压倒一切的中心。在其他条件都相同的情况下,触电者触电时间越长,造成心室颤动乃至死亡的可能性就越大。人触电后,由于痉挛或失去知觉,会紧握带电体而不能自己摆脱电源。因此,若发现有人触电,应采取一切可行的措施,迅速使其脱离电源,这是救活触电者的一个重要方法。

当触电者脱离电源后,应争分夺秒,采用一切可能的办法迅速进行救治,以免错过时机。实验研究和统计都表明,救治效果与实施救治的时间有直接关系,如果从触电后 1 分钟即开始救治,则有 90% 的机会可以救活;如果从触电后 6 分钟开始救治,则有 10% 的机会可以救活;而从触电后 12 分钟才开始救治,则救活的可能性极小。

触电者被救离电源后,如果现场再无其他人员,那么在场人员应争分夺秒地用心肺复苏法持续地抢救,方法力求正确、有效,待触电者呼吸恢复,抢救告一段落,立即向有关部门报告。如果现场还有其他人员可以替代抢救,那么应立即通知医疗机构派医生来现场抢救并向有关部门报告,以便于及早恢复停电设备运行并迅速援救现场。

1. 触电者迅速脱离电源的方法

发生触电事故时,现场人员应保持沉着冷静,根据实际情况迅速将触电者脱离电源接触。一般可以采用切断触电者所触及的导体或设备的电源,或者直接设法使触电者脱离带电部分的方法。在实际触电事故中,由于触电电源有高低压之分,具体措施也存在区别。

(1)低压触电时脱离电源的措施。

①如果与触电处电源有联系的电源开关或插头在触电点附近,应立即断开开关或拔出插头。但应注意,单极开关只能控制一根导线,断开开关可能切断零线而没有真正断开电源,此时需要利用其他措施脱离电源。

②如果触电点远离电源开关，则可以使用有绝缘柄的电工钳或有干燥木柄的斧子等工具切断电源线。

③如果导线掉落在触电者身上或者触电者身体压住导线，则可用干燥的衣服、手套、绳索、木板等绝缘物作为工具，拉开触电者或移开导线。

④如果触电者的衣服是干燥的，又没有紧缠在身上，则可拉着触电者的衣服后襟将其拖离带电部分。在此过程中，救护人员不得用衣服蒙住触电者，不得直接拉触电者的四肢和躯体，不得接触周围的金属物品。

⑤如果救护人员手戴绝缘良好的手套，则可通过拉触电者的双脚将其拖离带电部分。

⑥如果触电者躺在地上，则可用木板等绝缘物插入触电者身下，以切断电流。

（2）高压触电时脱离电源的措施如下。

①立即通知有关部门停电。

②戴上绝缘手套，穿好绝缘靴，使用相应等级的绝缘工具按顺序拉断电源开关。

③使用符合绝缘等级的绝缘工具切断导线。

④在架空线路上不可能采用上述方法时，可采用抛挂接地线的方法，使线路短路跳闸。在抛挂接地线之前，应先把接地线一端可靠接地，然后把另一端抛到带电的导线上。在抛掷过程中，抛掷端不得触及触电者和其他人。

（3）救护触电者脱离电源时的注意事项。

救护人员使用各种脱离电源措施时，应以快为原则，因地制宜，灵活运用。同时，在帮助触电者脱离电源的过程中，应保护好自身和触电者，以防自身触电和触电者二次伤害。

①救护人员不得直接用手、金属物体或其他潮湿物品作为救护工具，而必须使用适当的绝缘工具。为了使自身与大地绝缘，在现场条件允许时，可穿上绝缘靴、站在干燥的木板或不带电的台垫上。

②在实施救护时，救护人员最好单手施救。

③如果对高空触电进行救助，则应采取防摔措施，防止触电者脱离电源后摔伤，平地触电也应注意触电者倒下的方向，特别要保护触电者头部不受伤害。

④如果触电事故发生在夜间，则应迅速解决临时照明问题，以便于抢救，并避免事故扩大。

2. 触电者脱离电源后的急救方法

触电者脱离电源后的急救方法，应随触电者所处的状态而定。通常，在所有触电情况下，无论触电者状况如何，都必须立即请医务人员前来救治。在医务人员到来之前，如果触电者仍有平稳的呼吸和脉搏，应使其舒适地躺在木板上，并解开他的腰带和衣服，保持空气流通和安静，不断地观察其呼吸状况和测试脉搏。如果触电者已完全停止呼吸，或者呼吸非常困难、逐渐短促而继续恶化，出现痉挛现象，发出嘶嘘声（如呈垂死状态），则必须立即对其进行心肺复苏。即使触电者已无生命体征（呼吸和心跳均停止，没有脉搏），也不得认为其已死亡，因为触电者往往有假死现象，在这种情况下仍应继续进行胸外心脏按压和人工呼吸。

急救一般应在现场就地进行。只有当现场继续威胁着触电者，或者在现场施行施救存在很大困难（如黑暗、拥挤、下雨、下雪等）时，才考虑把触电者抬到其他安全地点。

（1）心肺复苏前的准备工作。

在发生触电事故后，必须在保证救护者自身安全的情况下才能实施抢救工作。

①判断周围环境是否安全，做好防护，保持现场有足够的照明和空气流通。

②轻拍触电者双肩，并询问"喂，你怎么啦？"做到轻拍重唤。

③大声呼救，求得周围人员的帮助，并嘱咐身边人员拨打120电话。

④让触电者仰卧于硬平面上，在调整触电者体位时要避免其身体扭曲、弯曲，以防脊柱脊髓损伤。

⑤解开妨碍触电者呼吸的紧身衣服，取掉触电者的眼镜，检查触电者的口腔，清除口腔、鼻腔中的黏液和异物（取下假牙），保持呼吸道畅通。

（2）胸外心脏按压。

胸外心脏按压就是用救护者的手掌在触电者的胸部有节奏地加压，以促使其心脏恢复跳动的过程。实施胸外心脏按压时，为保证按压时力量垂直作用于胸骨，救护者根据触电者所处位置的高低采用不同体位，一般采用跪式，双腿分开与肩同宽，与触电者保持一拳距离。

进行胸外心脏按压必须找准按压部位，正确的按压部位在胸骨中、下1/3交界处，或者胸部两乳头连线的中点处。救护者的中指对准触电者乳头方向，十指相扣，把一只手的手掌根部叠放在另一只手的背部，使得双掌根重叠，掌根放在按压部位。

在按压过程中，救护者上身前倾，双臂垂直，两臂肘部伸直，以髋关节为轴，利用身体和两手的力量一齐垂直向下，将触电者胸骨向脊柱方向按压。按压力度使胸骨下陷至少5cm（成年人），但不要超过6cm。按压后，立刻松开，使胸部充分回弹，让触电者胸部自动复原，血液充满心脏，但放松时手掌不离开按压部位，且按压间隙避免依靠在患者胸上。胸外按压和松弛的时间基本一致，按压频率在100～120次/分。

胸外心脏按压时定位必须准确，用力要适当，切忌用力过大，以免挤压出胃中的食物，堵塞气管，影响呼吸，或者造成肋骨折断、气血胸和内脏损伤，但也不得用力过小，否则不能发挥挤压作用。

在胸外心脏按压的同时，往往需要进行人工呼吸（吹气）。每胸外按压30次，进行2次人工呼吸（吹2口气），即30∶2。在实际救护中，至少进行5组操作。通常胸外心脏按压要连续不断地进行下去，直到触电者心跳恢复（可根据能否自行呼吸来判断）。如果有超过2名救护员，应每隔2分钟左右交换人员进行心肺复苏，以防止疲劳。并且要确保救护人员在交换过程中不中断胸外按压，直至触电者恢复或医生到场。

（3）人工呼吸。

人工呼吸的种类很多，其中口对口的人工呼吸法较为常用。这种方法的主要优点是换气比较充分，有效呼吸量较大，而且易于学习和掌握。

进行口对口人工呼吸时，首先采用压额提颏法，即救护者的一只手置于触电者前额，使其头部向后仰，另一只手的食指和中指置于下颏骨处，抬起下颏（注意不要压迫病人颈前部颌下软组织，不要使颈部过度伸展），使触电者鼻孔朝天，并且在抢救过程中始终保持气道打开状态。

救护者捏住触电者的鼻翼，然后进行深呼吸，之后将嘴紧紧贴在触电者的嘴上（可在触电者的嘴上垫一块纱布或手帕),包严触电者的嘴,往其嘴中吹气。一次吹气完成后,救护者的嘴离开触电者的嘴,并松开触电者的鼻孔,使其自然地呼出胸腔内的空气。吹气时应有足够容量的气体使触电者产生可见的胸部上抬。吹气过程应缓慢,时间在 1~1.5s,应避免过度通气。如果每次吹气后,触电者的胸部舒展,则表明空气已进入肺部。如果吹气后,触电者的胸部不舒展,则应检查吹气操作是否规范。

人工呼吸应与胸外心脏按压结合进行,每胸外心脏按压 30 次后,进行 2 次口对口吹气。当触电者恢复到能自行深呼吸和有节奏地呼吸时,即可停止人工呼吸。

(4)AED 的使用。

AED(automated external defibrillator)即自动体外除颤仪,是一种新型便携式的电子医疗设备,主要用于心脏骤停者的除颤。AED 的应用,不仅是医疗设备的更新,更是全新的急救观念的革命。在急救中,使用 AED 的时间与成活率密切相关,延迟 1 分钟除颤,伤病员的存活率下降 10%,并且 AED 的使用比心肺复苏更简单,如果将 AED 和心肺复苏配合使用,则抢救的成功率会更高。

AED 有别于传统医用除颤仪,AED 会根据读取到的人体心电状态信息进行自动分析判断,以确定伤病员是否需要予以电除颤。AED 的使用较为简单,根据仪器的语音提示和屏幕显示进行操作即可,一般分为 4 个步骤:第一,打开电源;第二,贴电极片;第三,将电极片插头插入主机;第四,分析和除颤。AED 设备使用结束后,务必要关闭电源。

AED 在使用过程中务必保证救护者和被救者的安全,因此需要注意:

①禁止在潮湿环境中使用 AED,在使用前确认无人员或金属接触被救者。

②电极片应牢固粘贴在被救者的皮肤上,当被救者胸毛过多时,应刮除后使用,防止放电时发生火灾。

③在使用 AED 前,应将氧气瓶搬离现场,以免引起火灾。

④若被救者身上有植入式起搏器,或者有药物贴片阻止放电,则禁止使用 AED。

1.3.5　保护接地和保护接零

为了防止触电事故的发生,除了工作人员必须严格遵守操作规程、正确安装和使用电气设备或器材之外,还应该采取保护接地、保护接零等安全措施。

1. 保护接地

将电气设备在正常情况下不带电的金属外壳埋入地下并与其周围土壤良好接触的金属接地体相连接,称为保护接地,如图 1-4-1 所示。其中,埋入地下与土壤直接接触的金属体称为接地体,连接接地体与设备接地部分的导线称为接地线。图中 R_A 为接地电阻,它等于接地体对地电阻和接地线电阻之和。根据安全规程规定,对 1000V 以下的系统,R_A 一般不大于 4Ω。

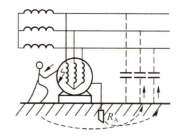

图 1-4-1　保护接地

当电气设备绝缘损坏或因漏电使电气设备的金属外壳带电时,如果金属外壳没有保护接地，则外壳所带电压为电源的相电压。采取保护接地后，因接地电阻 R_A 很小，使得金属外壳的电位接近地电位，漏电电流绝大部分经过接地导体流入大地，通过人体的电流几乎为零，可避免触电的危险。保护接地适用于中性点不接地的三相供电系统（IT 系统）。

对于中性点接地的三相供电系统（TT 系统），如果采用保护接地，则发生单相碰壳故障时，该相电压 U_p 就会经过保护接地的电阻 R_A 和电网中性点接地的电阻 R_d 形成故障电流：

$$I_d = \frac{U_p}{R_d + R_A} \qquad (1.4.1)$$

如果 $U_p = 220V$，$R_A = R_d = 4\Omega$，则 $I_d = 27.5A$，这个电流不一定能使保护装置动作而把电源切断，从而使故障继续存在。这时设备外壳带电的电位为 $U_p/2 = 110V$，此电位值对人体仍然是危险的，如图 1-4-2 所示。在《低压配电设计规范》（GB 50054—2011）中规定 TT 系统宜采用剩余电流动作保护器，且其动作特性应符合下式要求：

$$R_g I_g \leqslant 50V \qquad (1.4.2)$$

式中：R_g 为外露可导电部分的接地极和保护导体电阻之和（Ω）；I_g 为剩余电流动作保护器的额定剩余动作电流（A）。

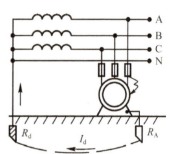

图 1-4-2　不安全的接地保护

2. 保护接零

在三相电源中性点接地的情况下，通常采用保护接零。保护接零就是将电气设备在正常情况下不带电的金属外壳接到三相四线制电源的零线（中性线）上，如图 1-4-3 所示。当电气设备某一相的绝缘损坏与外壳相碰时，就形成单相短路，该相保护装置就动作（如熔断器的熔丝熔断或断路器动作），因而外壳不再带电，达到安全目的。

在采用接零保护时，电源中线不允许断开，如果断开则保护失败。所以在电源中线和保护接零导线中，不允

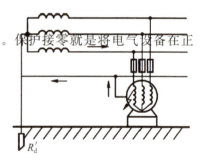

图 1-4-3　保护接零

许安装开关和熔断器。在实际应用中，用户端常将电源中线再重复接地，以防止中线断线。如图 1-4-4 所示，重复接地电阻一般小于 10Ω。保护接零适用于中性点接地的三相四线制供电系统（TN 系统）。但在三相四线制不平衡负载系统中，由于零线上的电流不为零，因而使零线对地电位不为零。为了使保护更为安全可靠，通常专门从电源中性点引出一条零线用于保护接零，这根零线称为保护零线（PE 线）。此时应将设备外壳接在 PE 线上。这种供电系统有 3 条相线、1 条工作零线和 1 条保护零线，俗称三相五线制。

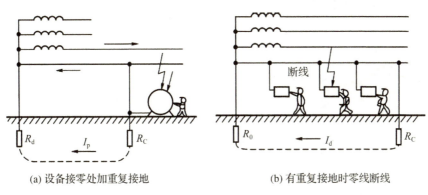

(a) 设备接零处加重复接地　　　　　　(b) 有重复接地时零线断线

图 1-4-4　重复接地好处

3. 家用电器的接地和接零

如果居住区供电变压器输出的三相四线电源中性点不接地,则家用电器须采用保护接地作为安全措施。若三相四线制电源中点接地,则应采用接零保护。

目前居住区一般采用三相五线制供电。单相电用户的进户线通常有三根,即一根相线(用红、绿、黄色之一)、一根工作零线(蓝色)和一根保护零线(黄绿相间多股线),而三相电用户的进户线为完整的五根,即三根相线、一根工作零线和一根保护零线。家用电器多采用三脚插头和三眼插座。

如图 1-4-5 所示为三眼插座的接法,接三眼插座时,注意右侧接相线 L,左侧接中性线 N,中间接保护零线 PE。在插座接线中,不允许将插座上的电线接反。若只有相线和中性线,则保护插孔的线应接到漏电保护装置外侧。

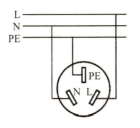
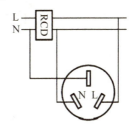

(a) 单相三眼插座的标准接法　　　　(b) 只有两线但加装了RCD的接法

图 1-4-5　单相三眼插座的接法

第2章 电气控制技术

2.1 三相交流异步电动机

2.1.1 三相交流异步电动机的结构

　　三相交流异步电动机是一种基于电磁原理把交流电能转换为机械能的旋转电机,具有结构简单、制造方便、价格低廉、运行可靠、维修方便等一系列优点,因此广泛用于工农业生产、交流运输、国防工业和日常生活等许多方面。如图2-1-1所示为三相异步电动机的外形。

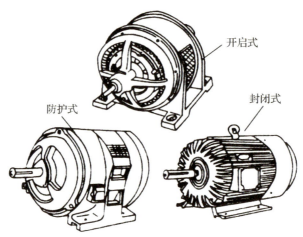

图 2-1-1　三相异步电动机外形

　　异步电动机由定子和转子两个基本部分构成。定子是电动机的静止部分。转子是电动机的转动部分。另外还有端盖、轴承及风扇等部件,如图2-1-2所示。

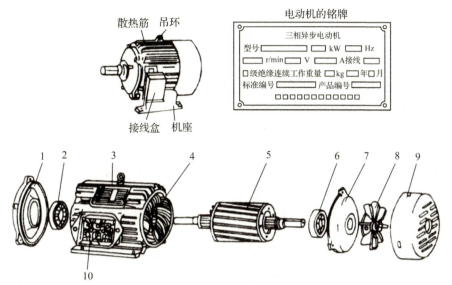

1-端盖　2-轴承　3-机座　4-定子　5-转子　6-轴承　7-端盖　8-风扇　9-风扇罩　10-接线盒

图 2-1-2　三相笼型异步电动机的结构

1. 定子

异步电动机的定子由定子铁芯、定子绕组和机座等组成。

定子铁芯是电动机的磁路部分,一般由厚度为 0.5mm 的硅钢片叠成,其内圆冲成均匀分布的槽,槽内嵌入三相定子绕组,绕组和铁芯之间有良好的绝缘。

定子绕组是电动机的电路部分,由三相对称绕组组成,并按一定的空间角度依次嵌入定子槽内,三相绕组的首、尾端分别为 U_1、V_1、W_1 和 U_2、V_2、W_2 接线方式,根据电源电压不同可接成星形(Y)或三角形(△)。其接法如图 2-1-3 所示。

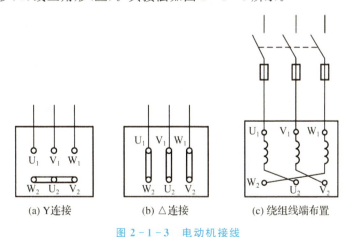

(a) Y连接　　　　(b) △连接　　　　(c) 绕组线端布置

图 2-1-3　电动机接线

机座一般由铸铁或铸钢制成,其作用是固定定子铁芯和定子绕组。封闭式电动机外表面还有散热筋,用以增加散热面积。机座两端的端盖用来支撑转子轴,并在两端设有轴承座。

2. 转子

转子包括转子铁芯、转子绕组和转轴。

转子铁芯是由厚度为 0.5mm、外圆周围冲有槽孔的硅钢片叠成，压装在转轴上。转子导体的槽孔一般多设为斜槽。转子导体通过金属浇注成笼形，并经过精心加工而成。

转子绕组有笼型和绕线型两种。笼型转子绕组一般用铝浇入转子铁芯的槽内，并将两个端环与冷却用的风扇翼浇铸在一起；而绕线型转子绕组和定子绕组相似，三相绕组一般接成星形，三个出线头通过转轴内孔分别接到三个铜制集电环上，而每个集电环上都有一组电刷，通过电刷使转子绕组与变阻器接通来改善电动机的起动性能或调节转速。

2.1.2　三相异步电动机的工作原理

三相异步电动机的定子绕组为三相对称绕组，一般有六根引出线，出线端装在机座外面的接线盒内，如图 2-1-2 所示中的 10。在已知各相绕组额定电压的情况下，根据三相电源电压的不同，三相定子绕组可以接成星形或三角形，然后与电源相连。

如图 2-1-4 所示，当异步电动机定子三相绕组中通入对称的三相交流电时，在定子和转子的气隙中形成一个随三相电流的变化而旋转的磁场，其方向与三相定子绕组中电流的相序相一致。三相定子绕组中的相序发生改变，旋转磁场的方向也跟着发生改变。其转速 n_0（称同步转速）取决于电源频率 f 和电机三相绕组形成的磁极对数 p，旋转磁场每分钟的转速与电流频率的关系是：

$$n_0 = 60f/p$$

式中：n_0——旋转磁场每分钟的转速，即同步转速(r/min)；f 为定子电流的频率（我国规定为 $f=50\text{Hz}$）；p 为旋转磁场的磁极对数。

当 $p=2$(4 极)时，$n_0=60\times50/2=1500(\text{r/min})$。

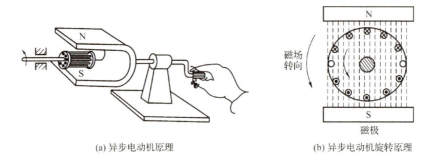

(a) 异步电动机原理　　　　　　　　(b) 异步电动机旋转原理

图 2-1-4　三相异步电动机工作原理

旋转磁场的转向与三相绕组中三相电流的相序一致。在旋转磁场作用下，磁场切割转子导体（转子导体通过端环相互连接形成闭合回路），转子绕组产生感应电动势（方向用右手定则判断），从而产生转子电流。旋转磁场和转子感应电流相互作用而产生电磁转矩（电磁力的方向用左手定则判断）。因此，转子在电磁力的作用下沿着旋转磁场的方向旋转，转子的旋转方向与旋转磁场的旋转方向一致，转速低于旋转磁场的转速，故称异步电动机。

2.1.3 三相异步电动机的技术参数

三相异步电动机的铭牌,如表 2-1-1 所示。

表 2-1-1 三相异步电动机铭牌

	三相异步电动机		
	型号 Y2-132S-4	功率 5.5kW	电流 11.7A
频率 50Hz	电压 380V	接法△	转速 1440r/min
防护等级 IP44	重量 68kg	工作制 S_1	F 级绝缘
	××电机厂		

• 型号:表示电动机的机座形式和转子类型。国产异步电动机的型号用 Y(Y2)、YR、YZR、YB、YQB、YD 等汉语拼音字母来表示。其含义为:

Y——笼形异步电动机(容量为 0.55k~90kW);

YR——绕线转子异步电动机(容量为 250k~2500kW);

YZR——起重机上用的绕线转子异步电动机;

YB——防爆式异步电动机;

YQB——浅水排灌异步电动机;

YD——多速异步电动机。

异步电动机型号的其他部分举例说明如下:

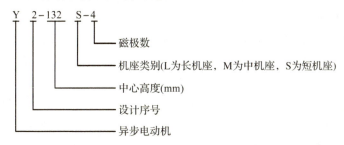

• 功率(P_N):表示在额定运行时,电动机轴上输出的机械功率(kW)。

• 电压(U_N):在额定运行时,定子绕组端应加的线电压值,一般为 220/380V。

• 电流(I_N):在额定运行时,定子的线电流(A)。

• 接法:电动机定子三相绕组接入电源的连接方式。

• 转速(n_N):额定运行时的电动机转速。

• 功率因数($\cos\varphi$):电动机输出额定功率时的功率因数,一般为 0.75~0.90。

• 效率(η):电动机满载时输出的机械功率 P_1 与输入的电功率 P_2 之比,即 $\eta = P_2/P_1 \times 100\%$。其中 $P_1 - P_2 = \Delta P$,表示电动机的内部损耗(铜损、铁损和机械损耗)。

• 防护形式:由 IP 和两个阿拉伯数字表示,数字代表防护形式(如防尘、防溅)的等级。

• 温升:电动机在额定负载下运行时,自身温度高于环境温度的允许值。如允许温升为 80℃，周转环境温度为 35℃，则电动机所允许达到的最高温度为 115℃。

• 绝缘等级：由电动机内部所使用的绝缘材料决定，规定了电动机绕组和其他绝缘材料可承受的允许温度。目前 Y 系列电动机采用 B 级绝缘，最高允许工作温度为 130℃；高压和大容量电机采用 H 级绝缘，最高允许工作温度为 180℃。

• 运行方式：有连续、短时和间歇三种，分别用 S_1、S_2、S_3 表示。

电动机接线前首先要用兆欧表检查电动机的绝缘性。额定电压在 1000V 以下的，绝缘电阻不应低于 0.5MΩ。

三相异步电动机接线盒内应有 6 个端头，各相的始端用 U_1、V_1、W_1 表示，终端用 U_2、V_2、W_2 表示。电动机定子绕组的接线盒内端子的常见布置形式，如图 2-1-3 所示，此时 Y 连接的接法如图 2-1-3(a)所示，△连接的接法如图 2-1-3(b)所示。如果没有按照首、末端的标记正确接线，则三相异步电动机会不能起动或不能正常工作。

当电动机没有铭牌，端子标号又弄不清楚时，需用仪表或其他方法确定三相绕组引出线的头尾。

2.1.4 三相异步电动机的使用

1. 三相异步电动机的起动

三相异步电动机与电源接通以后，如果电动机的起动转矩大于负载反转矩，则转子从静止开始转动，转速逐渐升高至稳定运行，这个过程称为起动。

三相异步电动机常用的起动方法有下列几种：

(1)直接起动。直接起动是在起动时把电动机的定子绕组直接接入电网。电动机在起动瞬间，由于旋转磁场与转子之间相对速度很大，所以转子电路中的感应电动势及电流都很大，所以转子电流的增大，将会引起定子电流的增大，因此在起动时，定子电流往往比额定值要大 4~7 倍。这样大的起动电流会使供电线路上产生过大的电压降，不仅会使电动机本身起动时转矩减小，还会使接在同一电网上的其他负载因电压下降而工作不正常。直接起动的主要优点是简单、方便、经济、起动过程快，是一种适用于中小型笼型异步电动机起动的常用方法。当电源容量相对于电动机的功率足够大时，应尽量采用此法。

(2)降压起动。降压起动的目的是减小电动机起动时的起动电流，以减小对电网的影响，其方法是在起动时降低电动机的电源电压，待电动机转速接近稳定时，再把电压恢复到正常值。由于电动机的转矩与其电压平方成正比，所以降压起动时转矩亦会相应减小。降压起动的具体方法主要有以下两种：

①星形—三角形(Y-△)换接起动。这种方法适用于正常运行时定子绕组为三角形联结的笼型电动机。如图 2-1-5 所示为笼型电动机 Y-△换接起动的原理电路，在起动时，开关 QS_2 向下闭合，使电动机的定子绕组为星形连接，这时每相绕组上的起动电压只有它的额定电压的 $1/\sqrt{3}$。当电动机到达一定转速后，迅速把 QS_2 向上闭合，定子绕组转换成三角形联结，使电动机在额定电压下运行。

采用这种起动方式，电动机的起动电流是直接起动时的 1/3，因此但由于转矩与电压平方成正比,故起动转矩也降低到直接起动时的1/3,因此使用时必须注意起动转矩能否满足要求。

②自耦减压起动。此法对正常运行时定子绕组为星形连接和正常运行时定子绕组为三角形联结的笼型三相异步电动机都适用。如图2-1-6所示为自耦减压起动的线路。起动时,电动机连接在自耦变压器的低压侧,若自耦变压器的降压比为 $K_A(K_A<1)$,电动机的起动电压 $U'=K_AU$。当电动机达到一定转速时,将开关 OS_2 由"起动"侧切换至"运行"侧,使电动机获得额定电压而运转,同时将自耦变压器与电源断开。采用此法起动时电动机的起动电流和起动转矩都是直接起动时的 K_A^2 倍。通常自耦变压器的 K_A 有几挡,选择恰当的 K_A,可获得合适的起动转矩和起动电流。

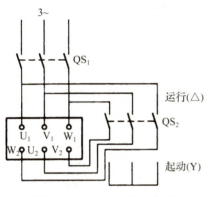

图 2-1-5　Y-△换接起动　　　　　图 2-1-6　自耦减压起动

(3)转子串接电阻起动。这种方法仅适用于绕线转子异步电动机。转子电路串入电阻起动,既可以限制起动电流,又可以提高起动转矩。转子电路串入的电阻通常为一组电阻,刚起动时阻值最大,在起动过程中随转速的上升将串入的电阻逐渐短接。

2. 三相异步电动机的反转

在三相异步电动机的工作原理中已指出,三相异步电动机的旋转方向是与旋转磁场的旋转方向一致的。由于旋转磁场的旋转方向决定于产生旋转磁场的三相电流的相序,因此要改变电动机的旋转方向只需改变三相电流的相序。实际上只要把电动机与电源的三根连接线中的任意两根对调,电动机的转向便与原来相反了。

3. 三相异步电动机的调速

电动机的调速是指在负载不变的情况下,用人为的方法改变电动机的转速。根据转差率的定义,异步电动机的转速为

$$n=(1-s)\frac{60f_1}{p}$$

上式表明,改变电动机的磁极对数 p、转差率 s 和电源的频率 f_1 均可以对电动机进行调速。下面分别介绍:

(1)改变磁极对数调速。根据异步电动机的结构和工作原理,它的磁极对数 p 由定子绕组的布置和连接方法决定。因此可以采用改变每相绕组中各线圈的连接方法(串联或并联)来改变磁极对数。如图2-1-7所示为三相异步电动机定子绕组采用两种不同的连接方法而得到不同磁极对数的原理示意图。为表达清楚,只画出了三相绕组中的一相。如图

2-1-7(a)中该相绕组的两组线圈 U_1U_2 和 $U_1{'}U_2{'}$ 串联连接,通电后产生两对磁极的旋转磁场。当这两组线圈反并联连接时,如图 2-1-7(b)所示,则产生的旋转磁场为一对磁极。

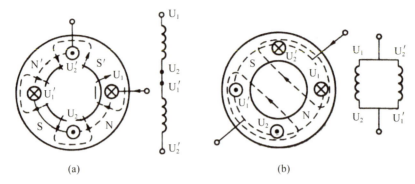

图 2-1-7　改变磁极对数原理示意图

　　一般异步电动机制造出来后,其磁极对数是不能随意改变的。可以改变磁极对数的笼型异步电动机是专门制造的,有双速或多速电动机的单独产品系列。

　　这种调速方法简单,但只能进行速度挡数不多的有级调速。

　　(2)改变电源频率调速。通过调节电源频率 f_1,使同步转速 n_1 与 f_1 呈正比变化,从而实现对电动机进行平滑、宽范围和高精度的调速。分析表明,在进行变频调速时,为使电动机的转矩特性较好地满足机械负载的要求,希望在调节电源频率 f_1 的同时,能使加至电动机的电压 U_1 随之改变。如果调节转速时转矩保持不变(称为恒转矩调速),则要求在改变 f_1 时保持 U_1/f_1＝常数,使 U_1 与 f_1 成正比变化。如果转速 n 调低(或调高)时转矩 T 增加(或减小)(T_n＝常数,称为恒功率调速),则要求在改变 f_1 时保持 $U_1/\sqrt{f_1}$＝常数,使 U_1 与 f_1 的开方成正比变化。

　　这是一种性能最好的调速方法,但需要专门的变频装置。随着电子变频技术的迅速发展,这种调速方法已得到越来越广泛的应用。

　　(3)改变转差率调速。通过改变转子电路电阻来改变电动机的机械特性,使电动机在同一负载转矩下有不同的转速。此时旋转磁场的同步转速 n_1 没有改变,故属于改变转差率 s 的调速方法。

　　这种调速方法线路简单,但只有绕线转子异步电动机可以在转子电路中串接外部可调电阻来实现调速。缺点是功率损耗较大。

4.三相异步电动机的制动

　　由于运行中的电动机及其拖动的生产机械具有惯性,因此电动机切断电源后并不能立即停转。在工程应用中,有时要求电动机快速停转,以满足工艺要求和保障安全,这就需要采取制动措施。

　　制动措施分机械制动和电气制动两类。机械制动是利用制动装置的机械摩擦力使电动机迅速停车。电气制动是利用电磁原理产生一个与原来转动方向相反的电磁转矩(称为制动转矩)迫使电动机迅速停车。电动机的制动方法有多种,下面介绍用于电动机迅速停车的两种电气制动方法。

（1）反接制动。反接制动就是欲使电动机停车时加反相序的三相交流电源，即将原接入电动机的三根电源线中的任意两根对调，产生与转动方向相反的旋转磁场和制动转矩，使电动机快速减速，起到制动作用。当电动机转速接近零时，利用其他控制电器（如速度继电器）将三相电源切断，不然电动机将反转。

反接制动时旋转磁场方向与转子转向相反，刚开始制动时，转子以 $n+n_1$ 的相对转速切割旋转磁场，转子和定子绕组的电流很大。为限制电流大小，通常制动时在定子电路中串入限流电阻（也称制动电阻）。

反接制动方法简单，效果好，但冲击大，能量消耗也较大，通常用于容量较小的电动机的制动。

（2）能耗制动。能耗制动是指在电动机断开三相交流电源后，立即在电动机三个电源接线端中的任意两端之间加入一个直流电源 U，如图 2-1-8(a)所示（通过控制电路，在 QS_1 断开后立即闭合 QS_2），即定子绕组通入直流电流，产生固定不动的直流磁场。由于惯性而继续转动的电动机转子导体切割直流磁场，根据右手定则可确定转子导体电流方向，再根据左手定则可确定转子产生的转矩方向与原转动方向相反，如图 2-1-8(b)所示，达到制动目的。制动结束，将直流电源断开。图中 R_p 用来调节制动直流电流大小。

这种制动方式是将转子动能转换为电能（转子电流），再消耗在转子导体电阻上，所以称为能耗制动。能耗制动电源能量消耗小，制动过程平稳，但需要直流电源。

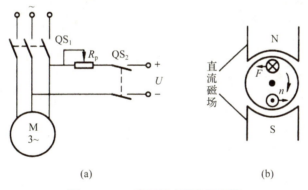

图 2-1-8　能耗制动原理示意图

2.2　常用低压电器

2.2.1　概述

低压电器一般是指交流 1200 V、直流 1500 V 以下，用来切换、控制、调节和保护用电设备的电器。低压电器种类很多，其按控制对象可分为低压配电电器和低压控制电器。我们通常把主要用于配电电路，对电路及设备进行保护及通断、转换电源或负载的电器称为配电电器,如低压断路器;把能够按照外界指定信号手动或自动地接通或断开电路来控制受电设备,使其达到预期所要求的工作状态的电器称为控制电器,如接触器等。低压电器按动作方式可分为手动电器和自动电器。随着电子技术的发展,电子电器已成为自动电器的重要组成部分。

1. 低压电器的分类

低压电器的分类,有按产品种类分,有按操作方式分,有按外壳防护等级分,也有按安装类别分,方法很多。低压电器按产品种类分,大体有 12 种,如表 2-2-1 所示。

表 2-2-1　低压电器按产品种类分类

类别	产品名称	主要品种	用途
配电电器	断路器	塑料外壳式断路器、框架式断路器、限流式断路器、漏电保护、灭磁断路器、直流快速断路器	用作线路过载、短路、漏电或欠压保护,也可用作不频繁接通和分断电路
	熔断器	有填料熔断器、无填料熔断器、半封闭插入式熔断器、快速熔断器、自复熔断器	用作线路和设备的短路和过载保护
	刀形开头	大电流隔离式刀开关、开关板用刀开关、负荷开关	主要用作电路隔离,也能接通分断额定电流
	转换开头	组合开关、换向开关	主要作为两种及以上电源或负载的转换和通断电路之用
控制电器	接触器	交流接触器、直流接触器、真空接触器、半导体式接触器	主要用作远距离频繁起动或控制交直流电动机以及接通分断正常工作的主电路和控制电路
	起动器	直接(全压)起动器、星三角减压起动器、自耦减压式起动器、变阻式转子起动器、半导体式起动器、真空起动器	主要用作交流电动机的起动和正反转控制
	控制继电器	电流继电器、电压继电器、时间继电器、中间继电器、温度继电器、热继电器	主要用于控制电路中,控制其他电器或作为主电路的保护之用
	控制器	凸轮控制器、平面控制器、鼓形控制器	主要用于电气控制设备中转换主电路或励磁电路的接法,以达到电动机起动、换向和调速的目的
	主令电器	按钮、限位开关、微动开关、接近开关、万能转换开关、脚踏开关、程序开关	主要用作接通分断控制电路,以发布命令或用程序控制
	电阻器	铁基合金电阻	用作改变电路参数或变电能为热能
	变阻器	励磁变阻器、起动变阻器、频敏变阻器	主要用于发电机调压、电动机的平滑起动和调速
	电磁铁	起重电磁铁、牵引电磁铁、制动电磁铁	用于起重、操纵或牵引机械装置

2.低压电器的关键性能指标

(1)温升。电器在实际使用中的温升极限值,主要以线圈及接线端部作为考核的要点。

(2)通断能力。电器的触头(包括主触头和辅助触头)接通和分断电流的能力。

(3)机械寿命和电寿命。

①机械寿命。电器产品的机械寿命亦即机械结构的耐久性,或者解释为机械结构的耐磨损能力,它是用电器在主电路不通电流条件下的无载操作循环次数进行考查的。每次操作循环一般包括一次闭合操作跟随着一次断开操作,对于某些多位置电器,则是从一个位置到另一个位置需通过所有位置再返回到初始位置的连续操作。

机械寿命次数的优先系数推荐如下(用百万次表示):

0.0001;0.0003;0.001;0.003;0.01;0.03;(0.1);0.3;(0.6);1;3;(6);10;(15);30;100。

②电寿命。电器的电寿命即电气耐久性,或称耐电气磨损性能。它是在主触头(或辅助触头)电路通以规定的负载电流以及在规定的操作条件下的操作循环次数。电器每小时允许通断操作次数的分级及主电路与辅助电路触头的电寿命试验参数。

3.低压电器选用原则

正确选用低压电器应注意以下两个原则:

(1)安全性。选用低压电器必须保证电路及用电设备安全可靠运行。

(2)经济性。选用电器要合理、适用。

为满足以上两个原则,应注意以下几点:

①控制对象的分类和使用环境。

②确定有关技术数据,如控制对象的额定电压、额定功率、负载性质、操作频率、工作机制等。

③了解电器的正常工作条件,如环境温度,相对湿度,海拔高度,允许安装方位角度和抗冲击振动、有害气体、导电尘埃、雨雪侵袭的能力。

④了解电器的主要技术性能或技术条件,如用途、分类、额定电压、额定功率、允许操作频率、接通分断能力、工作机制和使用寿命等。

2.2.2 按钮和开关

1.按钮

按钮是一种短时接通或断开的、简单的、用于小电流电路的手动开关,通常用于控制电路中发出"接通"或"断开"等指令,以控制接触器、继电器等电器的线圈电流的接通或断开,再由它们去接通或断开主电路。这是一种发出指令的电器,称为主令电器。

按钮的结构一般由按钮帽、复位弹簧、桥式动触点、静触点和外壳等组成。图2-2-1为LA19系列按钮的外形与结构。按用途和触点结构不同,按钮分为动合、动断、复合按钮。

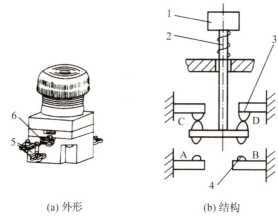

(a) 外形   (b) 结构

1—按钮帽　2—复位弹簧　3—动断触点　4—动合触点　5—触点接线柱　6—指示灯接线柱

图 2 - 2 - 1 　LA19 系列按钮的外形与结构

动合按钮：手指未按下时，触点是断开的，如图 2 - 2 - 1 中的触点 A、B 所示。当手指按下按钮帽时，触点 A、B 被接通，而手指松开后，触点在复位弹簧作用下返回原位而断开。动合按钮在控制电路中常用作起动按钮。

动断按钮：手指未按下时，触点是闭合的，如图 2 - 2 - 1 中的触点 C、D 所示。当手指按下时，触点 C、D 被断开，而手指松开后，触点在复位弹簧作用下恢复闭合。动断按钮在控制电路中常用作停止按钮。

复合按钮：手指未按下时，触点 C、D 是闭合的，触点 A、B 是断开的，当手指按下时，先断开 C、D，后接通触点 A、B，而手指松开后，触点在复位弹簧作用下全部复位。复合按钮在控制电路中常用于电气连锁。

有的按钮帽按钮做成钥匙式，即必须在按钮帽上插入钥匙后才可以操作；有的按钮帽做成旋钮式，用手柄操作，以免误动作。有的按钮与信号灯装在一起，按钮帽用透明塑料制成，兼作信号灯罩。此外，还有紧急式按钮，这种按钮有直径较大的红色蘑菇钮头突出于外（俗称蘑菇头按钮），用作紧急切断电源。

按钮的电气符号如图 2 - 2 - 2 所示。

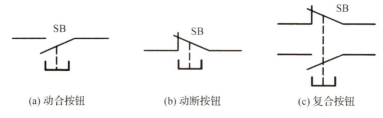

(a) 动合按钮   (b) 动断按钮   (c) 复合按钮

图 2 - 2 - 2 　按钮的电气符号

2. 行程开关

行程开关是一种在自动控制系统中用于发送指令的电器，也属于主令电器。它是用以反映工作机械位置、发出控制命令的信号继电器。它常被安装在工作机械行程的终点处，以限制机械的行程,因此也称为限位开关。行程开关是一种将机械信号转变为电信号的电器,其工作过程如图 2-2-3 所示。工作机械碰撞传动头时,顶杆 3 受力向下运动,当到达一定的位置时,弹簧 4 的力的垂直分量变为向上,带动了动触头向上跳,从而使得动断触头断开,动合触头闭合;当去掉外力 F 时,复位弹簧 5 使顶杆 3 上升,动触头复位。行程开关品种很多,其触点都是瞬动型的,触点的动作速度与操作速度无关,从而提高了检测精度和分断能力。行程开关在电气传动的位置控制或保护中应用十分普遍。

1-静触头 2-动触头 3-顶杆 4-弹簧 5-复位弹簧

图 2-2-3 行程开关工作原理图   图 2-2-4 行程开关的外形及符号

如图 2-2-4 所示为行程开关的符号和 XCE-102 外形图。它主要由伸在外面的滚轮、传动杠杆和微动开关等部件组成。

行程开关一般安装在固定的基座上,生产机械的运动部件上装有撞块,当撞块与行程开关的滚轮相撞时,滚轮通过杠杆使行程开关内部的微动开关快速切换,产生通、断控制信号,使电动机改变转向、改变转速或停止运转。

当撞块离开后,有的行程开关是由弹簧的作用使各部件复位;有的则不能自动复位,它必须依靠两个方向的撞块来回撞击,使行程开关不断切换。

3. 接近开关

接近开关是新出来的一种主令电器。当有物体接近它达到一定距离时,即可发出信号,达到行程控制的作用。因此,它可以看作是一种非接触型的行程开关。

接近开关按作用原理分为高频振荡型、电容型、感应电桥型、永久磁铁型和霍尔效应型等。其中,高频振荡型最常用,其工作原理是当有金属物体进入稳定振荡的高频振荡器磁场时,该金属体会产生涡流损耗,使振荡器回路等效电阻增大,能量损耗增大,以致振荡停止。这样,在振荡电路后面接两个合适的开关,即能给出相应的控制信号。

随着电子技术的发展,接近开关因工作可靠、寿命长、功耗小、操作频率高,并能适应恶劣的工作环境等优点而日益为人们所接受,正逐渐替代行程开关而广为使用。

2.2.3 低压断路器

低压断路器也称为自动空气开关,可用来接通和分断负载电路,控制不频繁起动的电动机,在线路或电动机发生过载、短路或欠电压等故障时,能自动切断电路,予以保护。其广泛用于配电、电动机、家用等线路的通断控制及保护。按结构来分,低压断路器有万能式

（又称框架式,通称 ACB）和塑料外壳式（通称 MCCB、MCB）两大类。

低压断路器由操作机构、触点、保护装置、灭弧系统等组成。图 2-2-5(a)是其原理示意图。低压断路器的主触点是靠手动操作或电动合闸的（是手动还是电动,取决于该断路器的结构）。主触点闭合后,触点连杆被锁钩锁住,使主触点保持闭合状态。低压断路器的主要保护装置有过流脱扣器和欠压脱扣器。在断路器合闸时,通过机械联动将辅助触点闭合,使欠压脱扣器的电磁铁线圈通电,衔铁吸合。当电路失压或电压过低时,电磁铁吸力消失或不足,在弹簧拉力的作用下,顶杆将锁钩顶开,主触点在释放弹簧拉力作用下迅速断开而切断主电路。当电源恢复正常时,必须重新合闸后才能工作,实现失压保护。过流脱扣器是电磁式瞬时脱扣器。当电路的电流正常时,过流脱扣器的电磁铁吸力较小,脱扣器中的顶杆被弹簧拉下,锁钩保持锁住状态。当电路发生严重过载时,过流脱扣器电磁铁线圈的电流随之迅速增加,电磁铁吸力加大,衔铁被吸下,顶杆向上顶开锁钩,在释放弹簧拉力的作用下,主触点迅速断开而切断电路。断路器的动作电流值可以调节脱扣器的反力弹簧来进行整定。图 2-2-5(b)是低压断路器的符号。

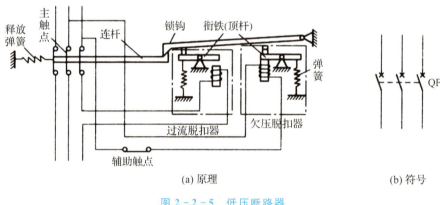

(a) 原理   (b) 符号

图 2-2-5　低压断路器

低压断路器除满足额定电压和额定电流要求外,使用前还应调整相应保护动作电流的整定值。

2.2.4　熔断器

1.熔断器的类型和结构

熔断器是最简便而有效的短路保护电器,它串接在被保护的电路中,当电路发生短路故障时,过大的短路电流使熔断器的熔体（熔丝或熔片）发热后很快熔断,把电路切断,从而起到保护线路及电气设备的作用。常用的熔断器及符号如图 2-2-6所示。目前较常用的熔断器有瓷插入式熔断器、螺旋式熔断器、管式熔断器（管内装有石英砂,能增强灭火能力、用于短路电流较大的场合）、快速熔断器（熔断时间短,用来保护晶闸管等半导体器件）等。

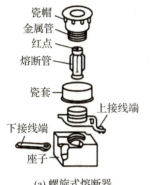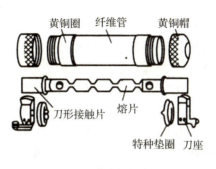

(a) 螺旋式熔断器   (b) 管式熔断器   (c) 符号

图 2 - 2 - 6 常用熔断器及符号

熔体是熔断器的主要部分,一般用电阻率较高的易熔合金,例如铅锡合金等,也可用截面积很小的良导体铜或银制成。在正常工作时,熔体中通过额定电流 I_{fuN},熔体不应熔断。当熔体中通过的电流增大到某值时,熔体经一段时间后熔断。这段时间称为熔断时间 t,它的长短与通过的电流大小有关,通过的电流越大,熔断时间越短。

2. 熔断器的选择

熔体额定电流的选择应考虑被保护负载的电流大小,同时也必须注意负载的工作方式,一般可按下列条件进行:

(1)对无冲激(起动)电流的电路为

$$I_{\text{fuN}} \geqslant I_{\text{N}}$$

式中: I_{N} 表示负载额定电流。

(2)对具有冲激(起动)电流的电路为

$$I_{\text{fuN}} \geqslant K I_{\text{S}}$$

式中: I_{S} 表示负载的冲激电流值,例如异步电动机的起动电流;K 为计算系数,数值在0.3~0.6,具体可查阅有关手册。

3. 熔断器的使用和维护

使用熔断器时,应注意以下几点:

(1)安装熔断器除保证足够的电气距离外,还应保证足够的间距,使拆卸、更换熔体方便。

(2)安装熔断器时应保证熔体与触刀和刀座接触良好,以免因熔体温度升高发生误动作。如果是管式熔断器,还应按照规定垂直安装。

(3)安装熔体必须保证接触可靠,否则将造成接触电阻过大而发热或断相,引起负载缺相运行并烧毁电动机。

(4)安装引线要有足够的截面积,而且必须拧紧接线螺钉,避免接触不良,引起接触电阻过大而使熔体提前熔断,造成误动作。

(5)安装熔体时不能有机械损伤,否则会使截面积变小,电阻增大,发热增加,保护特性变坏,动作不准确。

（6）经常清除熔断器上及导电插座上的灰尘和污垢。检查熔体，发现氧化腐蚀或损伤后应及时更换。

（7）拆换熔断器通常应不带电进行更换，有些熔断器允许带电情况下更换，但也要注意切断负载，以免发生危险。

（8）更换熔体时，必须注意新熔体的规格尺寸，形状应与原熔体相同，不应随意更换凑合使用。

（9）快速熔断器的熔体不能用普通熔断器的熔体代替。

（10）更换三相负载回路（电动机）一相熔断器时，应同时检查或更换另两相熔断器。

2.2.5　剩余电流动作保护装置

剩余电流动作保护装置以前称为漏电保护器，用以对低压电网直接触电和间接触电进行有效保护。保护器根据工作原理，可分为电压型、电流型和脉冲型三种。电压型保护器已被淘汰。目前应用广泛的是电流型剩余电流动作保护装置。电流型剩余电流动作保护装置按动作结构分，可分为直接动作式和间接动作式。直接动作式的动作信号输出直接作用于脱扣器使其掉闸断电。要直接推动剩余电流脱扣器动作，脱扣器需要很高的动作灵敏度，要求其动作功耗在毫伏安级，这种剩余电流脱扣器结构复杂、工艺要求较高。间接动作式的输出信号经放大、蓄能等环节处理后使脱扣器动作掉闸。这种情况下对脱扣器的灵敏度要求较低，电磁铁结构简单、工艺要求较低。直接动作式在执行剩余电流保护功能时不需要工作电源，一般称为动作特性与电源电压无关的剩余电流动作保护装置，也称电磁式剩余电流动作保护装置。间接动作式称为动作特性与电源电压有关的剩余电流动作保护装置，也称电子式剩余电流动作保护装置。

图2-2-7为单相电流型剩余电流动作保护装置的工作原理图。TA为剩余电流互感器，QF为主开关，TL为主开关的分励脱扣器线圈。在被保护电路工作正常，没有发生漏电或触电的情况下，由基尔霍夫电流定律可知，通过TA一次侧L、N的电流相量和等于零，即

$$\dot{I}_L + \dot{I}_N = 0$$

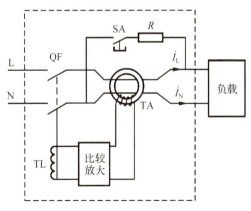

图2-2-7　漏电保护器工作原理图

图2-2-8　单相漏电保护器

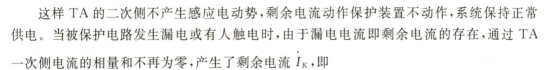

这样 TA 的二次侧不产生感应电动势,剩余电流动作保护装置不动作,系统保持正常供电。当被保护电路发生漏电或有人触电时,由于漏电电流即剩余电流的存在,通过 TA 一次侧电流的相量和不再为零,产生了剩余电流 $\dot{I}_K$,即

$$\dot{I}_L + \dot{I}_N = \dot{I}_K$$

于是,在 TA 的铁芯中出现交变磁通,TA 二次侧线圈就有感应电动势产生,此漏电信号经中间环节进行处理和比较,当达到预定值时,使主开关分离脱扣器线圈 TL 通电,驱动主开关 QF 自动跳闸,切断故障电路,从而实现保护。

如图 2-2-8 所示为单相漏电保护器,对于三相四线制供电系统剩余电流动作保护装置的工作原理和单相的类似。

2.2.6　交流接触器

接触器是继电接触控制中的主要器件之一。它是利用电磁吸力来动作的,常用来直接控制主电路(电气线路中电源与负载之间的电路,电路中的电流一般比较大)。

图 2-2-9 是交流接触器的符号和外形,CJ20 是常用交流接触器中的一个系列,除此之外,还有 CJ10、CJ12 等系列。它主要包括触点系统、电磁系统和灭弧装置等。

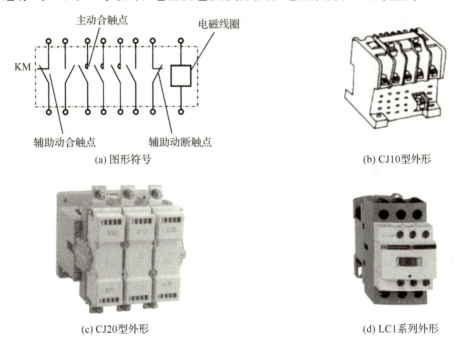

(a) 图形符号

(b) CJ10 型外形

(c) CJ20 型外形

(d) LC1 系列外形

图 2-2-9　交流接触器的符号和外形

交流接触器主要由铁芯、吸引线圈和触点组等部件组成。铁芯分为动铁芯和静铁芯,当吸引线圈加上额定电压时,两铁芯吸合,从而带动触点组动作。触点可分主触点和辅助触点,主触点的接触面积大,并具有灭弧装置,能通断较大的电流,可接在主电路中,控制电动机的工作。辅助触点只能通断较小的电流,常接在辅助电路(控制电路)中。触点还有动

合（常开）触点和动断（常闭）触点之分，前者当吸引线圈无电时处于断开状态，后者当吸引线圈无电时处于闭合状态。当吸引线圈带电时，动合触点闭合，动断触点断开。

接触器的触点大多是采用桥式双断点结构。触点分主触点和辅助触点两种。主触点通常有三至四对，它的接触面较大，并有灭弧装置，所以能通过较大的电流，通常接在主电路中，控制电动机等功率负载。辅助触点的接触面较小，只能通过较小的电流，因此只可以接在辅助电路中。辅助电路是指电气线路中弱电流通过的部分（如接触器的线圈等支路），辅助电路又称控制电路。辅助触点还有动合触点和动断触点之分。触点的数量可根据控制电路的需要而选择确定，最多可有六对辅助触点，即三对动合触点和三对动断触点。

接触器触点的常态是指它的吸引线圈在没有通电时的状态。如果线圈断电时触点所处的状态是断开的，称为动合触点；如果所处的状态是闭合的，则称为动断触点。当接触器线圈通电后，触点的状态改变，此时动合触点闭合，而动断触点断开。

灭弧装置是接触器的重要部件，它的作用是熄灭主触点在切断主电路电流时产生的电弧。电弧实质上是一种气体导电现象，它以电弧的出现表示负载电路未被切断。电弧会产生大量的热量，可能把主触点烧毛甚至烧毁。为了保证负载电路能可靠地断开和保护主触点不被烧坏，所以接触器必须采用灭弧装置。

交流接触器吸引线圈中通过的是交流电流，因此铁芯中产生的磁通也是交变的。为防止在工作时铁芯发生震动而产生噪声，在铁芯端面上嵌装有短路环。

交流接触器大多用来控制电动机及其他电气负载，如照明设备、电焊机、电热器等。接触器只能通断负载电流，不能切断过载电流和短路电流，因此在电路中一般与熔断器或热继电器配合使用，以保证电路的安全、正常运行。交流接触器在工作时，如加于吸引线圈的电压过低，则铁芯会释放，使触点组复位，故具有欠压（或失压）保护功能。

选用交流接触器时，除了必须按负载要求选择主触点组的额定电压、额定电流外，还必须考虑吸引线圈的额定电压及辅助触点的数量和类型。例如国产 CJ10-40 型交流接触器有三对动合主触点，额定电压为 380V，额定电流为 40A，并有两对动合和两对动断辅助触点，额定电流为 5A；吸引线圈的额定电压有 380V、220V 等多个电压等级可供采购时选择。

2.2.7 继电器

继电器是当激励输入量的变化达到规定要求时，在电气输出电路中，使被控量发生预定的阶跃变化的开关电器。

在控制电路中，继电器被用来改变控制电路的状态，以实现既定的控制程序，达到预定的控制目的，同时也提供一定的保护。目前，继电器已广泛应用于各种控制电路中。

和一切电器一样，继电器结构上也有检测机构和执行机构两大部分。前者反映继电器的输入量，如电磁式继电器的线圈、热继电器的双金属片等；后者产生输出量，如一般继电器的触头。

就大多数继电器而论，输入量可能是电流、电压、功率等电量，也可能是热、光、声和其他非电量；其输出量则是触头的动作，或者是电参数的变化等。

继电器种类很多，按继电器的输入物理量性质可分为电量继电器和非电量继电器。电量继电器的输入量可为电流、电压、频率和功率等,并相应称为电流、电压、频率和功率继电器等。非电量继电器的输入量可为温度、压力和速度等,并相应称为温度、压力和速度继电器等。

1. 中间继电器

中间继电器是一种电磁继电器,其结构与工作原理和交流接触器基本相同,只是电磁系统小一些,但触点数量多一些,触点容量较小。中间继电器的用途:一是用来传递信号,同时控制多个电路;二是可以直接用来接通和断开小功率电动机或其他电气执行元件。图2-2-10是中间继电器的外形及符号。

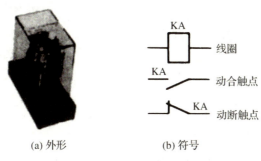

(a) 外形　　　　　(b) 符号

图 2-2-10　中间继电器

2. 时间继电器

时间继电器是一种利用电磁原理、机械原理或电子技术来实现触点延时接通或断开的控制电器。它的种类很多,有空气阻尼型、电动型和电子型等。不管何种类型的时间继电器,其组成的主要环节包括延时环节、比较环节和执行环节三个部分,如图2-2-11所示。其输入信号可以是直流信号,也可

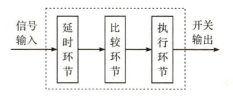

图 2-2-11　时间继电器组成环节

以是交流信号;开关输出可以是动合或动断触点,也可以是各种电子开关,为叙述方便,以下统称为触点。

根据输出开关的动作与输入信号的关系,时间继电器的输出开关有以下三种类型:开关的通断与输入信号同步动作的是瞬时触点;开关的通断在施加输入信号后延时动作的是通电延时触点;开关的通断在撤销输入信号后延时动作的是断电延时触点。每一类触点又分为动合触点与动断触点。时间继电器各部分的图形符号及动作时序如表2-2-2所示。

表 2-2-2　时间继电器各部分的图形符号及动作时序

	图形符号	部分名称	动作性质	时序波形 *
输入	KT	继电器线圈		

续表

	图形符号	部分名称	动作性质	时序波形 *
输出		瞬时动合触点	瞬时动作	
		瞬时动断触点		
		延时闭合动点触点	通电延时动作	
		延时断开动断触点		
		延时断开动合触点	断电延时动作	
		延时闭合动断触点		

＊时序波形中，输入继电器线圈为 1，得电；为 0，失电。输出触点为 1，闭合；为 0，断开。t_{on}、t_{off} 分别为通延时与断延时时间，根据型号的不同，通常在数十毫秒至数十分钟之间可调。

AH3-N 系列多段可调式时间继电器属于电子式时间继电器，相比空气阻尼式时间继电器，这种电子式时间继电器具有体积小、重量轻、定时精度高、延时范围宽等诸多优点。其主要参数如表 2-2-3 所示。

表 2-2-3　AH3-N 系列时间继电器主要参数

类型	多段可调型				
重复误差	<0.5%＋20ms				
触点容量	3A/220VAC，λ＝1				
信号电压	380VAC 220VAC 110VAC；24VDC 48VDC				
输出触点	Mode A/B				
型号	AH3-NA	AH3-NB	AH3-NC	AH3-ND	AH3-NE
定时范围	1S/10S 1M/10/M	3S/30S 3M/30M	6S/60S 6M/60M	1M/10M 1H/10H	3M/3M 3H/30H

AH3-N 时间继电器的控制面板（以 AH3-NB 为例）及电气原理如图 2-2-12 所示。从图中可见，信号电压加在管脚②～⑦，电压的性质在控制面板下方正中标出；该时间继电器共提供 2 组 4 副触点开关，其中⑧～⑥、⑧～⑤为通电延时的常开、常闭触点，当运行模式开关处于 A 时，①～③、①～④亦为通电延时的常开、常闭触点，而运行模式开关处于 B 时，①～③、①～④则为瞬时动作的常开、常闭触点；面板右下方为 2 个时段选择开关；右上方为运行指示灯，当额定信号电压加在继电器输入端时，指示灯亮起，其中闪烁为计时

中,长亮为计时完成。

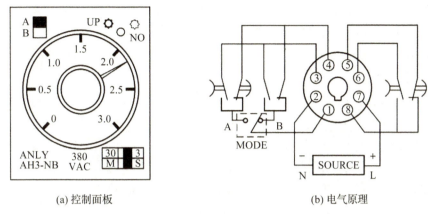

(a) 控制面板　　　　　　　　　(b) 电气原理

图 2 - 2 - 12　AH3 - NB 控制面板及电气原理

3. 热继电器

热继电器是电流通过发热元件时所产生的,使双金属片受热弯曲而推动机构动作的一种电器,主要用于电动机的过载保护、断相及电流不平稳运行的保护及其他电气设备发热状态的控制。

热继电器的形式有许多种,其中常用的有:

(1)双金属片式。利用双金属片(用两种膨胀系数不同的金属,通常由锰镍、铜板轧制而成)受热弯曲去推动杠杆而使触头动作。

(2)热敏电阻式。利用电阻值随温度变化而变化的选择性制成的热继电器。

(3)易熔合金式。利用过载电流发热使易熔合金达到某一温度值时,合金熔化而使继电器动作。

上述三种中,双金属片式热继电器用得最多。

热继电器是利用电流热效应原理工作的电器。如图 2 - 2 - 13 所示为热继电器的原理示意图,它由发热元件、双金属片和触点三部分组成。发热元件串接在主电路中,所以流过发热元件的电流就是负载电流。负载在正常状态工作时,发热元件的热量不足以使双金属片产生明显的弯曲变形。当发生过载时,在热元件上就会产生超过其"额定值"的热量,双金属片因此产生弯曲变形,经一定时间当这种弯曲到达一定幅度后,使热继电器的触点断开。图 2 - 2 - 14 为热继电器符号。

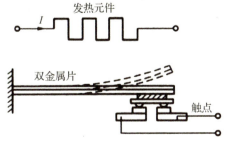

图 2 - 2 - 13　热继电器原理示意图

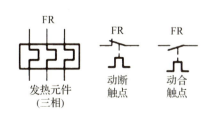

图 2 - 2 - 14　热继电器符号

双金属片是热继电器的关键部件，它由两种具有不同膨胀系数的金属碾压而成，因此在受热后因伸长不一致而造成弯曲变形。显然，变形的程度与受热的强弱有关。

JR16 系列是我国常用的热继电器系列。其设定的动作电流称为整定电流，可在一定范围内进行调节。

4. 固态继电器

固态继电器(solid state relay，SSR)是一种新型无触点继电器，它由光电耦合器件、集成触发电路和功率器件组成。图 2-2-15 所示为交流固态继电器的原理和符号。这种器件为四端器件，其中两个输入端接控制电路，两个输出端接主电路。当输入端接通直流电源时，发光二极管 D 发光，光电晶体管导通使集成触发电路产生一个触发信号，功率器件双向晶闸管被触发而导通，负载与电源电路接通。

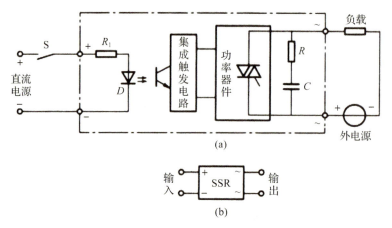

图 2-2-15　交流固态继电器原理和符号

固态继电器没有机械触点，不会产生电弧，故其工作频率、耐冲击能力、可靠性、使用寿命、噪声等技术指标均优于电磁式继电器，因此应用日益广泛。固态继电器有多种类型，按负载的电源类型可分为交流型和直流型。交流型 SSR 以双向晶闸管作为输出端的功率器件，实现交流开关的功能。而直流型的 SSR 则以功率晶体管作为输出端的功率器件，实现直流开关的功能。为了使用方便，SSR 又发展了多输入与输出的结构，以同时实现对多路的控制。例如，三路交流 SSR 可以直接取代目前使用的交流接触器，用于三相异步电动机的无触点控制电路。

如图 2-2-16 所示为交流固态继电器组成的三相异步电动机正反转控制电路。

当控制端 A＝1 时，固态继电器 SSR1～SSR5 均不通，电动机停止。A＝0 时，电动机转动，其转向由控制端 B 控制。B＝1 时，SSR1、SSR3、SSR5 导通，设此时电动机转向为正；B＝0 时，SSR1、SSR2、SSR4 导通，进入电动机的相序与原来相反，电动机反转。

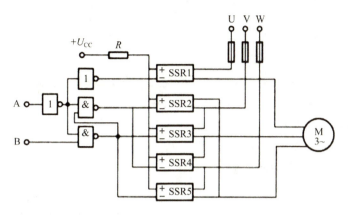

图 2-2-16　交流固态继电器应用举例

2.3　常用继电接触控制电路

2.3.1　异步电动机的直接起动和正反转控制电路

1. 三相异步电动机直接起动的单向旋转控制线路

电动机的起动过程是指电动机从接入电网开始起,到正常运转为止的这一过程。鼠笼式三相异步电动机的起动方式有两种,即在额定电压下的直接起动和降低起动电压的减压起动。电动机的直接起动是一种简单、可靠、经济的起动方法。但由于直接起动电流可达电动机额定电流的 4~7 倍,过大的起动电流会造成电网电压显著下降,直接影响在同一电网工作的其他感应电动机,甚至使它们停转或无法起动,故直接起动电动机的容量受到一定的限制。能否采用直接起动,可用下面的经验公式来确定:

满足公式 I

$$I_{st}/I_N \leqslant 3/4 + S/(4P_N)$$

即可允许直接起动。

式中:I_{st} 为电动机的起动电流(A);I_N 为电动机的额定电流(A);S 为变压器容量(kV·A);P_N 为电动机容量(kW)。

三相异步电动机的直接起动由于起动电流大,只适用于小容量的电动机。一般功率小于 10kW 的电动机常用直接起动。

三相异步电动机单向连续旋转可用刀开关或接触器控制,相应的有刀开关控制线路和接触器控制线路。

(1)刀开关控制线路。

用刀开关控制的电动机直接起动、停止的控制线路,如图 2-3-1 所示。合上电源开关 Q,三相交流电源通过开关 Q、熔断器 FU,直接加到电动机定子的三相绕组上,电动机即开始转动。断开 Q,电动机即断电停转。采用刀开关控制的线路仅适用于不频繁起动的小容量电动机。如工厂中一般使用的三相电风扇、砂轮机以及台钻等设备。它的特点是简单，但不能实现远距离控制和自动控制，也不能实现零电压、欠电压和过载保护。

（2）连续运转接触器控制线路。

在生产过程中，广泛采用继电接触控制系统对中小功率异步电动机进行直接起动和正反转控制。这种控制系统主要由交流接触器、按钮、热继电器等组成。

接触器控制电动机单方向连续旋转的直接起动控制线路，如图 2-3-2 所示。图中 QS 为三相刀开关，FU_1、FU_2 为熔断器，KM 为接触器，FR 为热继电器，M 为三相异步电动机，SB_1 为停止按钮，SB_2 为起动按钮。

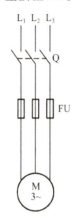 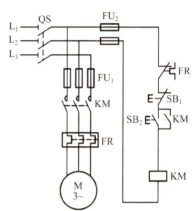

图 2-3-1 刀开关控制电动机直接起动控制线路　图 2-3-2 接触器控制电动机直接起动控制线路

①线路工作原理：起动时，首先合上电源开关 QS，引入电源，按下起动按钮 SB_2，交流接触器 KM 线圈通电并动作，三对动合主触点闭合，电动机 M 接通电源起动。同时，与起动按钮并联的接触器动合辅助触点也闭合；当松开 SB_2 时，KM 线圈通过其本身的动合辅助触点继续保持通电，从而保证了电动机的连续运转。这种松开起动按钮，依靠接触器自身的辅助触点保持线圈通电的线路，称为自锁或自保线路。辅助动合触点称为自锁触点。

当需电动机停止时，可按下停止按钮 SB_1，切断 KM 线圈线路，KM 动合主触点与辅助触点均断开，切断了电动机的电源线路和控制线路，电动机停止运转。

②线路保护：图 2-3-2 控制线路具有短路保护、过载保护及失电压和欠电压保护。熔断器 FU_1 和 FU_2 分别实现电动机主电路和控制线路的短路保护。当线路中出现严重过载或短路故障时，它能自动断开线路以免故障的扩大。在线路中熔断器应安装在靠近电源端，通常安装在电源开关下边。

热继电器 FR 实现电动机的过载保护。当电动机出现长期过载时，串接在电动机定子线路中的双金属片因过热变形，致使串接在控制线路中的动断触点断开，切断 KM 线圈线路，电动机停止运转，从而实现电动机的过载保护。

电动机起动运转后，当电源电压由于某种原因降低或消失时，接触器线圈磁通减弱，电磁吸力不足，衔铁释放，动合主触点和自锁触点断开，电动机停止运转。而当电源电压恢复正常时，电动机不会自行起动运转，可避免意外事故的发生，这种保护称为失电压和欠电压保护。拥有自锁的控制线路具有失电压和欠电压保护作用。

(3)点动/连续运转控制电路。

在生产中常碰到设备需要调试，或起重设备需要将货物定位放置等情况。这时对电动机的控制要求常常是按下按钮，电动机运转；放开按钮，电动机停转。这在控制中称为点动。如图 2-3-3 所示为点动/连续运转控制电路，电路的左侧部分依次接有源开关 QS、熔断器 FU、接触器 KM 的主触头、热继电器的发热元件以及三相异步电动机 M，它们共同组成了主电路，其余部分为辅助电路。当按下按钮 SB₂，电动机 M 将连续运转；直到按下停止按钮 SB₁，电动机 M 停转。当按下复合按钮 SB₃ 时，接触器 KM 线圈得电，动合主触头闭合，电动机运转；但复合按钮的动断触头断开，KM 的动合辅助触头不能起自锁作用。因此，当松开按钮 SB₃ 时，动合触头断开使 KM 线圈失电，KM 的动合辅助触头断开，然后 SB₃ 的动断触头恢复闭合，电动机 M 停止运转，从而实现点动控制。请注意，在继电接触控制电器中，不管是主令电器还是自动电器，触头的动作总是遵循"先断后合"的原则。

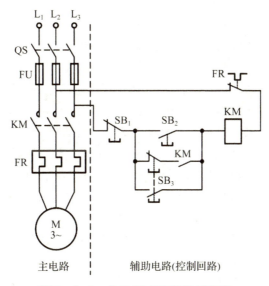

图 2-3-3　点动/连续运转控制电路

(4)顺序控制电路。

在物料运送等场合，往往对电机的起动顺序有要求。如多级串联的皮带传送机，通常要求后级先起动，然后再前级起动；否则可能会造成所传送的物料在皮带机上堆积，影响传送带的正常运行，甚至使后级的传送带根本无法起动。图 2-3-4 所示为两台电动机顺序起动控制电路。由图可知，只有按下按钮 SB₂，电动机 M₁ 起动后，才可以起动电动机 M₂；否则，在 M₁ 起动之前，KM₁ 自锁触头和 SB₂ 触头均处于断开状态，在这种情况下按下按钮 SB₃，电路不会有任何反应。当按下按钮 SB₁，两台电动机同时停止工作。另外，两个热继电器的动断触头串联在控制回路中，只要任何一台电机发生过载使热继电器动作，则两台电机同时停止运作。

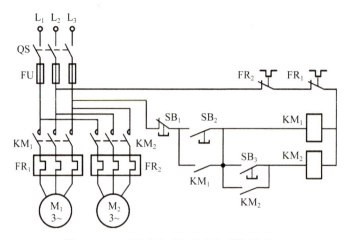

图 2-3-4　两台电动机顺序起动控制电路

2. 电动机正反转控制电路

在生产过程中,往往要求工作机械能够实现可逆运行,如行车的前进与后退、机床主轴的正转与反转、起重吊钩的上升与下降等。这就要求电动机能够按正反两个方向旋转。由于三相异步电动机的旋转方向是由进入电动机定子绕组的电流相序决定的,因此只要任意对调两相电源,即可实现电动机的正反向运行。

如图 2-3-5 所示为电动机正反转控制电路的电气原理。当接触器 KM_F 动作时,电源 L_1、L_2、L_3 分别接到电动机 U_1、V_1、W_1 上,异步机正转;当接触器 KM_R 动作时,电源 L_1、L_2、L_3 分别接到电动机 W_1、V_1、U_1 端,异步机反转。若 KM_F 和 KM_R 同时动作,则 L_1、L_3 两相短路。为防止这种情况的出现,在控制回路中 KM_F 吸引线圈前串接 KM_R 动断触头,在 KM_R 吸引线圈前串接 KM_F 动断触头。这种利用一个回路中接触器的辅助触头去控制另一回路,对其进行状态保持或功能限制的方法,称为互锁,也叫联锁。就图 2-3-5 的正反转控制电路来说,应用了互锁控制,保证 KM_F、KM_R 两个接触器在同一时刻只有一个可以工作,不能两个同时通电,从而避免了两相短路故障。注意在图 2-3-5 所示的控制电路中,要想实现电动机反转,不能直接按反转按钮(因为互锁作用,电路没有反应),而是要先按停止按钮 SB_T,然后再按反转按钮 SB_R,电动机才能反转,使用起来比较烦琐。如图 2-3-6 所示控制电路就是利用复合按钮实现了在电动机正转的情况下按反转按钮直接使电动机反转(反之亦然)。

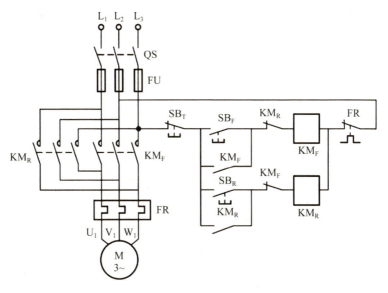

图 2-3-5　电动机正反转控制电路

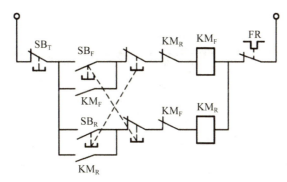

图 2-3-6　直接正反转控制电路

2.3.2　行程控制和时间控制电路

1. 行程控制电路

龙门刨等设备中的工作部件往往需要作自动往复运动,行车、龙门吊等设备在移动到导轨的尽头时需要能够自动停止,以防引发事故。具有行程开关的电路可以实现这些功能。

如图 2-3-7 所示为行程开关控制的机床工作台往复运动控制电路。电动机的正反向旋转带动工作台向左右移动。当按下按钮 SB_F 时,接触器线圈 KM_F 通电使电动机正向转动,工作台向右移动;当工作台上的撞块碰到行程开关 ST_1 时,动断触头动作使 KM_F 线圈断电(主触头及自锁触头断开使电动机正向断电停转、互锁触头恢复闭合),ST_1 的动合触头闭合使 KM_R 线圈得电,电动机反转,带动工作台向左运动;当撞块碰到 ST_2 时,KM_R 失电,KM_F 得电,电动机正转。如此往复进行,直到按下停止按钮 SB_T,电动机停止运行。

ST_3 和 ST_4 是极限位置保护用行程开关,以防止工作台移动超出极限位置。在这里,接触器 KM_F、KM_R 的动断辅助触头组成的互锁称为电气互锁(或电气联锁),行程开关 ST_1、ST_2 的动断触头构成的是机械互锁。

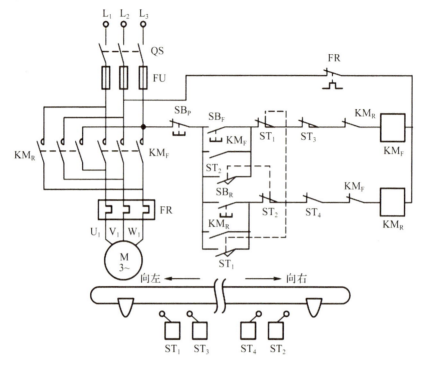

图 2-3-7 行程开关控制的工作台往复运动控制电路

2. 时间控制电路

(1)电动机的 Y — △ 起动控制电路。

如图 2-3-8 所示是一个实现三相异步电动机 Y — △ 起动控制的电路。其中,接触器 KM_1 用于控制电动机的启停,KM_Y 与 $KM_\triangle$ 分别用于控制电动机绕组的星形和三角形连接。电源开关 QS 合上后,按下启动按钮 SB_T,接触器 KM_1、KM_Y 和时间继电器 KT 的线圈得电,KM_1、KM_Y 的动合主触头闭合,电动机绕组接成星形启动,KM_1 的辅助触头闭合自锁。当延时时间到,KT 的延时动断触头断开,使接触器 KM_Y 线圈失电,KM_Y 主触头断开,互锁动断触头闭合;KT 的延时动合触头闭合,接触器 $KM_\triangle$ 线圈得电,使 $KM_\triangle$ 主触头闭合,电动机绕组接成三角形运行并自锁。$KM_\triangle$ 互锁动断触头断开使 KT 线圈失电复位,完成电动机降压启动过程。

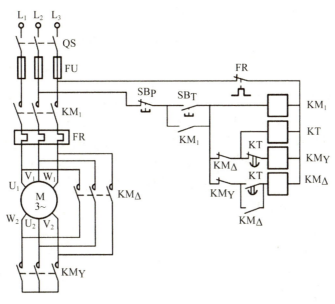

图 2-3-8　异步电动机 Y-△起动控制电路

（2）鼠笼式电动机能耗制动电路。

前面介绍的异步电动机 Y—△起动控制电路是利用通电延时时间继电器来实现其功能的。如图 2-3-9 所示电路利用断电延时时间继电器来实现电动机快速制动的目的。在电动机正常运行时，接触器 KM_1 和时间继电器 KT 线圈通电，KT 的断电延时断开，动合触头闭合，但 KM_1 的动断辅助触头断开，因此接触器 KM_2 线圈失电，主触头断开，整流桥空载。当按下停止按钮 SB_1 时，接触器 KM_1 和时间继电器 KT 线圈失电，KM_1 的动断辅助触头闭合，KT 的延时断开动合触头尚未断开，因此接触器 KM_2 线圈得电，KM_2 主触头闭合，给电动机绕组通入直流电流，从而产生制动力，使电动机快速停车。以上是通过消耗电网电能来实现电动机制动的，所以称为能耗制动。延时时间到，KT 延时断开，动合触头断开，KM_2 线圈失电，主触头断开，能耗制动过程结束。

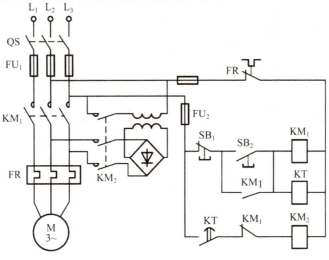

图 2-3-9　电动机能耗制动电路

2.4 可编程控制器

可编程控制器也称可编程逻辑控制器（programmable logic controller，PLC），它是一种专为在工业环境下应用而设计的数字运算的电子系统。它采用可编程的存储器来存储和执行逻辑运算、顺序控制、定时、计数及算术运算等操作的指令，并通过数字式、模拟式的输入和输出方式，控制各种类型的机械或生产过程。发展到今天，PLC 已成为工业自动控制的重要工具，在机械、电力、采矿、冶金、化工、造纸、纺织、水处理等领域有着广泛的应用。与其他的控制系统相比，PLC 具有如下特点：

(1) 可靠性高，灵活性好。

(2) 编程容易，使用方便。

(3) 接线简单，通用性好。

(4) 易于安装，便于维护。

(5) 便于组成控制网络系统。

2.4.1 可编程控制器的结构和工作原理

1. 可编程控制器的结构

PLC 的类型有整体式和模块式两种。整体式 PLC 把电源、控制器和输入输出做成了一个整体，或加上少量的扩展模块，可以组成一个小型的控制系统；模块式 PLC 系统包括独立的电源、机架、处理器、各种 I/O 模块、通信模块等，使用者可以根据控制系统的大小、功能等的不同进行灵活的组态，并易于构成控制网络。图 2-4-1 是整体式 PLC 组成框图。

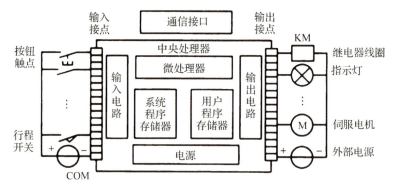

图 2-4-1 整体式 PLC 组成框图

输入、输出电路是 PLC 与外接信号、被控设备连接的电路，对外它通过外接端子排与现场设备相连，例如将按钮、继电器触点、行程开关、传感器等接至输入接点，通过输入电路把它们的输入信号转换成中央处理器能接收和处理的数字信号。输出电路则与此相反，它能接收经过中央处理器处理过的数字信号，并把这些信号转换成被控设备或显示设备能接收的电压或电流信号,以驱动接触器线圈、伺服电机等执行装置。

中央处理器包括微处理器、系统程序存储器和用户程序存储器。微处理器的主要作用是处理并运行用户程序,监控输入、输出电路的工作状态,并作出逻辑判断,协调各部分的工作,必要时作出应急处理。系统程序存储器主要存放系统管理和监控程序以及对用户程序进行编译处理的程序。各种不同性能 PLC 的系统程序会有所不同,该程序在出厂前已被固化,用户不能改变。用户程序存储器用来存放用户根据生产过程和工艺要求而编制的程序,可进行编制或修改。

可编程控制器可通过专用的编程器如手持式编程终端(hand-held terminal,HHT)或通用的计算机进行编程。HHT 由于体积小、重量轻、携带方便,易于在现场对 PLC 进行编程与调试,故早期用得较多。但随着笔记本电脑的普及,HHT 的优势不复存在,正逐步被通用计算机编程的方式所取代。

2. 可编程控制器工作原理

用继电器、接触器控制电路时,继电器、接触器按照事先设计好的某一固定方式接好电路来实现控制。这种系统称为接线程序控制系统,不能灵活地变更其控制功能。而 PLC 采用大规模集成电路的微处理器和存储器来实现继电—接触器控制的控制逻辑,系统要完成的控制任务是由存放在存储器中的程序来完成的,因此称为存储程序控制系统。通过编写或修改程序可以方便地改变其控制功能。

包括微处理器、系统程序存储器和用户程序存储器在内的内部控制电路,是 PLC 运算和处理输入信号的执行部件,并由它们将处理结果送输出端。系统程序是事先编好并固化在 EPROM 中。PLC 运行时,在系统程序的控制下,逐条地解释用户程序并加以执行。程序中的数据并不是直接来自输入接口,输入、输出接口和中央处理器之间分别接有输入状态寄存器(输入映象表)和输出状态寄存器(输出映象表),以利于数据的正确传送。这些数据在输入取样(输入扫描)和输出锁存(输出扫描)时进行周期性的刷新。

PLC 采用循环扫描的工作方式,图 2-4-2 描述了 PLC 的工作过程。PLC 启动后,其工作过程可分解为输入扫描、程序扫描、输出扫描和内务整理几个阶段。

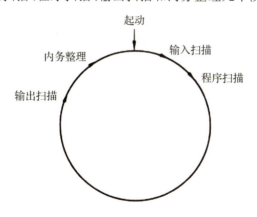

图 2-4-2　PLC 工作过程

PLC 的微处理器在工作时,首先对各个输入端进行扫描,将输入端的状态送到输入映象表，并保持在寄存器中，这就是输入取样阶段，也称输入扫描。然后，微处理器将从上到下、从左到右逐条执行指令，按程序对数据进行逻辑和算术运算，再将新的输出送到输出映象表，这就是程序扫描阶段。当所有指令执行完毕时，把存放在输出映象表的数据通过输出电路转换成被控设备所能接收的电压或电流信号，并驱动被控设备，这是输出扫描阶段。除了完成输入输出扫描以及程序扫描，PLC 的自诊断程序还将检查主机运行是否正常，主机与输入输出通道的通信状况，各种外部设备的通信管理等，这就是内务整理阶段。

PLC 经历的这四个工作过程，称为一个扫描周期。然后又周而复始地重复上述过程。从 PLC 的工作过程可知，在程序扫描阶段，即使输入发生变化，输入映象表也不会变化，要到下一个周期的输入扫描阶段，即需经过一个扫描周期才有可能发生变化。同理，输出映象表的内容，要等到程序扫描结束，再集中将这些内容送至输出电路。因此，完成输入、输出状态的改变，需要一个扫描周期。

PLC 的扫描周期是一个重要的技术指标，一般在几毫秒之内，它与程序的长短有关。PLC 的循环扫描工作方式对于一般工业设备来说，其速度能满足要求。为加快 PLC 的响应速度，很多 PLC 设置了硬件中断响应，有的高档 PLC 还采用了双核处理器结构，分别负责输入输出扫描和程序扫描。

2.4.2 可编程控制器的基本指令和编程

1. PLC 程序的表达方式

手持式编程终端使用助记符形式的编程指令。使用计算机编程的 PLC 常用的程序语言有梯形图（LAD）、功能块图（FBD）、顺序功能流程图（SFC）、结构化文本语言（ST）等。本书只介绍梯形图编程。梯形图编程语言是一种图形化的编程语言，它是在原电气控制系统中常用的继电器、接触器梯形图基础上演变而来的，其特点是形象、直观和实用，因此几乎无须进行培训，就能使熟悉电气控制的技术人员进行 PLC 的编程。梯形图编程语言是所有 PLC 编程语言中最基本也是使用最为广泛的一种语言。

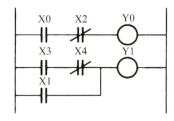

图 2-4-3 梯形图示例

图 2-4-3 所示是梯形图示例。图中"—┤├—"、"—┤╱├—"及"—◯—"等图形符号称为指令符号，指令符号上方所标为指令执行的地址。指令类型大致分为两类，即条件指令（输入指令）和输出指令。因为输出指令都是执行操作的指令，所以又称执行指令。从图 2-4-3 可以看到，一般一个梯级由一组输入条件和一个或几个在级尾的输出组成。例如图中的第一个梯级由地址为 X0 和 X1 的两个条件指令和地址为 Y_0 的输出指令组成。条件指令的返回

值为 1 或 0(真或假)。当梯级中条件指令的集合产生为 1 的逻辑输出时,就称梯级条件为"真",并激活其输出指令。输出指令执行其指令功能而发生一连串期望的数据处理事件。

在梯形图中,几个条件指令的串联相当于它们的与逻辑集合,即这几个条件指令同时为"真"时,激活输出指令。几个条件指令或其与集合的并联(例如图 2-4-3 中第二个梯级中地址为 X3、X4 的两个条件指令串联后再和地址为 X1 的条件指令并联)相当于或逻辑关系,即条件指令或其与集合只要有一个为"真"时,激活输出指令。只有输入而没有输出则构不成完整的梯级;反之,只有输出而没有输入的梯级是允许存在的,称为无条件输出(有的型号的 PLC 不支持无条件输出,具体参考产品说明)。

需要指出的是,不同厂家的 PLC 产品,无法在软件级别实现编程语言的通用。也就是说,即使梯形图逻辑一样的程序,也不可能直接从甲厂的产品移植到乙厂的产品上,即使是同一厂家的不同系列产品,往往也不能实现直接相互移植。

2. PLC 器件的编址

PLC 的核心是微处理器,使用时将它看成由继电器、定时器、计数器等组成的一个组合体。但 PLC 不是由实际的继电器、定时器、计数器等硬件连接而成的控制电路,而是由软件编程来实现其控制逻辑。为了使用方便,这些器件都分配有一个唯一的内存地址,CPU可以根据该地址单元数据的值确定各器件的工作状况或对输出进行操作。不同厂家对器件的编址方式不尽相同,但其基本方法相似。表 2-4-1 是三菱 FX2N 与罗克韦尔自动化的 MicroLogix 1200 主要器件的编址。

表 2-4-1 FX2N 与 MicroLoglcx 1200 主要器件的编址

	FX2N	MicroLogix 1200
输入继电器	X0~X267(八进制)*	I1:0.0/0~I1:6.0/15
输出继电器	Y0~X267(八进制)*	O0:0.0/0~O0:6.0/15
辅助继电器	M0~M3071,M8000~M8255(特殊用)	B3:0/0~**
定时器	T0~T255	T4:0~**
计数器	C0~C234,C235~C255(高速计数用)	C5:0~**

* FX2N 的最大 I/O 分别为 184 点,总数为 256 点。

** MicroLogix 1200 提供 2k×16bit 的数据区,使用者可以在此范围内根据需要对数据进行自由组态。另外,文件编号除 0、1、2 之外,可为任意一个小于 255 的数字,如 T14:0 是有效的定时器。

从表 2-4-1 可以看出,FX2N 对器件地址采用直接"编号"的方式,这种方式简单明了,易于记忆;MicroLogix 1200 采用的是"文件及编号:[槽号.]字/位"的编址方式,这种方式在系统扩展 I/O 较多(特别是模块式系统)时,易于找到程序中 I/O 与实际输入/输出点的对应关系,这在系统的安装调试时可以节约大量的时间。

3. FX 系列 PLC 的基本指令

一般的 PLC 有大量的指令,以适应各种控制需要。其指令系统包含基本继电器指令、定时和计数指令、算术指令、数据操作和处理指令、数据传送指令、特殊功能指令几大类,指令数量多达百条以上。在此仅以 FX 系列 PLC 为例介绍最基本的继电器类指令以及定时器/计数器指令。

(1)继电器类指令。

继电器指令操作的对象是数据的一个位。在 PLC 运行时，处理器将根据梯形图程序的逻辑对这些位清 0 或置 1。I/O 数据每一个位的 0 或 1 代表的是连接到 PLC 的实际设备开关的断开或闭合。常用的继电器类指令如表 2-4-2 所示。

表 2-4-2　FX 系列 PLC 常用的继电器类指令

指令	图形符号	类型	功能
LD	X0 ─┤├─	动合输入	程序扫描到此指令时，检查 X0 的值，若 X0 为 1，指令返回值为"真"，否则为"假"
LDI	X0 ─┤╱├─	动断输入	程序扫描到此指令时，检查 X0 的值，若 X0 为 0，指令返回值为"真"，否则为"假"
OUT	Y0 ─◯	非保持型输出	梯级条件为真时，Y0 置 1，否则清 0
SET	SET　Y0	保持型输出	一旦梯级条件为真，Y0 置 1 并保持
RST	RST　Y0	保持型输出	一旦梯级条件为真，Y0 置 0 并保持
PLS	PLS　Y0	微分输出	梯级条件由"假"变"真"时，Y0 置 1 并保持一个扫描周期
PLF	PLF　Y0	微分输出	梯级条件由"真"变"假"时，Y0 置 1 并保持一个扫描周期

指令"─┤├─"(LD)通常称为动合输入指令，其功能是"检查指令位地址所指数据是否为 1"。处理器在运行程序过程扫描到这个指令时，若 LD 指令的位地址所指的数据位为 1，则这个指令返回的逻辑为"真"；若指令位地址指明的数据为 0，则这个指令返回的逻辑为"假"。

指令"─┤╱├─"(LDI)是动断输入指令，其功能是"检查指令位地址所指数据是否为 0"。处理器在程序运行过程中扫描到这个指令时，若 LDI 指令的位地址所指数据为 0，则指令返回逻辑为"真"；若指令位地址指明的数据为 1，则指令返回的逻辑为"假"。

指令"─◯"(OUT)为 PLC 的基本输出指令，当梯级条件为"真"时，指令所指位地址数据为 1，一旦梯级条件为"假"，指令所指位地址数据为 0。这种"梯级条件为'真'时输出 1，梯级条件为'假'时输出 0"的输出指令称为非保持型输出。

指令"─|SET Y0|─"和"─|RST Y0|─"是保持型输出指令，分别是"一旦梯级条件为'真'，指令所指位地址数据置 1 并保持"、"一旦梯级条件为'真'，指令所指位地址数据清 0 并保持"，而与梯级条件是否继续保持为"真"无关，Y0 为指令所指位地址。

指令"PLS Y0 上"和"─PLF Y0"是微分输出指令，分别是"一旦梯级条件由'假'变'真'，指令所指位地址数据置 1 并保持一个扫描周期"、"一旦梯级条件由'真'变'假'，指令所指位地址数据置 1 并保持一个扫描周期"，Y0 为指令所指位地址。

如图 2-4-4 所示为采用上述继电器指令所构成的一种梯形图及相应的波形图。读者可根据上述指令的功能对波形图进行分析,以加深对指令功能的理解。

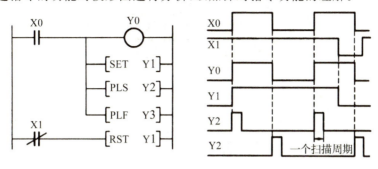

图 2-4-4　用继电器指令构成的梯形图及波形图

(2)定时器/计数器指令。

定时器与计数器指令都是输出指令,它们是根据时间或某事件发生的次数来实现控制的。在 PLC 中配置了大量的定时器与计数器,以适应各种控制的需要。下面先介绍定时器指令。

定时器有通延时与断延时、即时型与保持型之分。断延时涉及负逻辑概念,不在此介绍。定时器还有一个重要参数就是时间基值,即累加器数字每增加 1 所间隔的时间,也称时基。不同的 PLC,设定的方式有所不同,有硬件设定的,也有在指令中由软件设定的。时基设定关系到定时长度与定时精度,通常定时误差不大于一个时基值。FX 系列对定时器规定如表 2-4-3 所示。

表 2-4-3　FX 系列 PLC 定时器参数

编号	类型	数量	时基/s	定时范围/s
T0 - T199	即时	200	0.1	0.1~3276.7
T200 - T245	即时	46	0.01	0.01~327.67
T246 - T249	保持	4	0.001	0.001~327.67
T250 - T255	保持	6	0.1	0.1~3276.7

从表 2-4-3 可以看出,FX 系列 PLC 可根据定时长度与精度的不同要求,选择不同编号的定时器实现相应的定时功能。当梯级条件为真时,定时器按照时基累加。当加到与预置值相等时,停止累加,置完成标志。对即时型定时器,一旦梯级条件为假,即自动复位;而保持型定时器在梯级条件为假时,只停止计时,用 RST 指令才能对其复位。

计数器累计值的变化是因梯级条件由“假”到“真”的跳变引起的。图 2-4-5 说明了计数器的工作原理。计数器的预置值可以是从下限值到上限值的任意整数。对于 16 位的计数器,该值就是-32768~+32767;而 32 位计数器,则是-2147483648~+2147483647。当计数值等于预置值时,表示计数完成。在计数完成后,当梯级条件再出现由“假”到“真”的转换时,FX 系列 PLC 的计数器累计值保持不变。计数值不会自动清零,需要复位指令(RST)来进行清除。

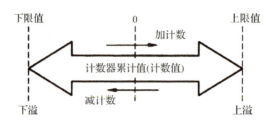

图 2-4-5　计数器工作原理

不同 PLC 产品计数器数据结构不尽相同，表 2-4-4 为 FX 系列计数器设置。

表 2-4-4　FX 系列计数器

编号	数量	计数范围	计数性质
C0～C199	200	16bit(0～32767)	加计数
C200～C234	35	32bit(−2147483648～+2147483647)	双向计数

图 2-4-6 为定时器/计数器指令的一个例子。当按下 SB，使输入 X0 为 1 时，定时器 T0 启动。内部继电器 M0 用于自锁。T0 按 1s(10×0.1s)反复计时；每完成一次定时，计数器 C0 加 1；当 C0 加到 5 时，Y0 输出 1。当按下 SB$_P$，使输入 X1 为 1 时，定时器和计数器复位。注意：定时器/计数器出现在程序输入侧时，是作为定时/计数是否完成的判据。

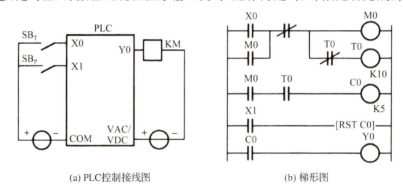

(a) PLC控制接线图　　　　　　　(b) 梯形图

图 2-4-6　定时器/计数器指令举例

4. 基本编程规则

为了能顺利地进行编程，应遵循以下规则：

(1)梯形图的每一行都从左边母线开始，输出指令接在右边的母线上，所有输入指令不能放在输出指令右边(见图 2-4-7)。

(a) 错误画法　　　　　　　　(b) 正确画法

图 2-4-7　梯形图画法

(2)在同一个程序中，同一个输出点不可重复出现在输出指令中，以免产生误动作。

(3)PLC 程序是根据梯形图从左到右、从上到下执行的，不符合顺序执行的电路不能直接编程。如图 2－4－8 所示的桥式电路应加以变换后再进行编程。

（4）输入指令的使用次数不受限制,它可以用于串联连接的电路中,也可以用于并联连接的电路中。

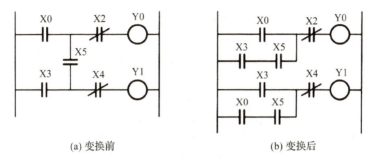

(a) 变换前　　　　　　　　　　　(b) 变换后

图 2－4－8　桥式电路的变换

5. FX 系列 PLC 编程举例

（1）瞬时接通、延时断开的电路。

图 2－4－9 是由定时器构成的瞬时接通、延时断开电路程序。当输入 X1 为 1 时,第一个梯级条件为"真",输出 Y0 为 1 并自锁;在第二梯级,此时 X1 为 1,梯级条件为"假",定时器 T0 不工作。当输入继电器断开,即 X1 为 0 时,第二个梯级条件为"真"(注意:由于 Y0 的自锁作用,第一个梯级条件仍为"真"),定时器起动。经 18s 后,第一梯级的 T0 为 1,梯级条件为"假",Y0 为 0;同时第二梯级因 Y0 为 0,梯级条件为"假",定时器 T0 复位。

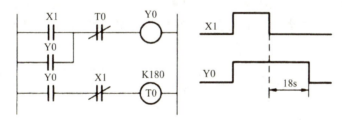

图 2－4－9　瞬时接通、延时断开程序

（2）计数电路。

图 2－4－10 是由定时器和计数器构成的计数与定时电路。当 X0 从 0 变 1,计数器 C_1 的计数值加 1;经 4 次后计数完成,Y0 输出 1,同时起动定时器 T200,15s 后 T200 定时完成,计数器 C_1 复位,Y0 输出为 0。注意表 2－4－3 中的说明,T200 的时基为 0.01s。

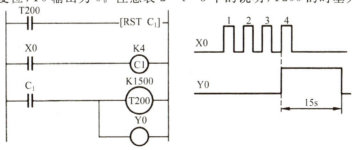

图 2－4－10　计数器应用的程序举例

6. MicroLogix 1200 PLC 的基本指令

MicroLogix 1200 可编程控制器是罗克韦尔自动化公司生产的微型 PLC 之一，其主要器件的编址如表 2－4－1 所示。其梯形图的继电器类指令与 FX 系列比较相似，而定时/计数指令差异较大。MicroLogix 1200 的定时参数全部由软件设定。其数据结构包括控制与状态标志、预置值（preset）、累计值（accumulator）。定时器在梯级条件为"真"时起动（置标志 EN），起动后，时间累计值按照设定的时间基值自动累加（置计时标记 TT），再与预置值进行比较。当累计值大于或等于预置值时，停止累加，同时置位完成标志（DN）。定时器的工作状态可由表 2－4－5 表示。

表 2－4－5　定时器工作状态表

标志位			定时器所处状态
EN	TT	DN	
0	0	0	梯级条件为"假"，定时器不工作
1	1	0	梯级条件为"真"，且 ACCUM＜PRESET，定时器工作中
1	0	1	梯级条件为"真"，ACCUM≥PRESET，定时器完成计时

图 2－4－11 为 MicroLogix 1200 的定时器指令。该指令需要确定以下三个参数：定时器编号（如 T4:0～255）、定时器时基（在 0.001、0.01、1 中三选一）、定时器预置值（1～32767）。对于延时接通即时型定时器指令 TON，当梯级条件为"真"时，定时器按时基间隔开始计数；只要梯级条件保持为"真"，累计值增加；当累计值大于等于预置值时，停止计数并置完成标志（DN＝1）。若计数期间或计数完成后，梯级条件为"假"，累计值以及标志 TT 或 DN 清零。

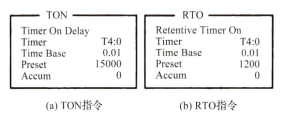

(a) TON指令　　　　　(b) RTO指令

图 2－4－11　MicroLogix 1200 定时器指令

保持型定时器指令 RTO 计时过程与 TON 类似，区别在于当计数期间梯级条件为"假"时，累计值保持不变，在梯级条件重新为"真"时，继续计时。需要复位指令 RES 来复位定时器。

罗克韦尔的全系列 PLC 计数器均是由软件设定的双向保持型计数器，其中 MicroLogix 1200 的计数范围为－32768～＋32767。计数器的数据结构中除了预置值与计数值外，还有一些标志位指示计数器工作状态。如表 2－4－6 所示。

对于双向计数器，其指令有加计数（CTU）和减计数（CTD）。计数指令为输出指令，位于梯形图右侧。使用计数指令须确定以下参数：计数器编号（如 C5:0－255）、预置值（－32768－＋32767）、累计值（如 0）。如图 2－4－12 所示为 MicroLogix 1200 的计数器指令。

表 2-4-6　计数器状态标志位

标志位	意义
CU	加计数允许
CD	减计数允许
DN	计数完成
OV	计数上溢
UN	计数下溢

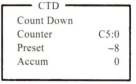

(a) 加计数　　　　(b) 减计数

图 2-4-12　计数器指令

2.4.3　应用举例

1. 三相异步电动机星形－三角形起动控制

三相异步电动机星形－三角形起动控制的主电路如图 2-4-13 所示，FX 与 MicroLogix PLC 的输入、输出接线分别如图 2-4-13(a)、(b)所示，注意 FX 系列 PLC 输入端接线与 MicroLogix 系列 PLC 有所不同。电路在按下起动按钮 SB_T 后，接触器 KM_1 及 KM_Y 通电，电动机接成星形起动；经 10s 后，KM_Y 断开；再经 0.5s，接触器 $KM_\triangle$ 通电，电动机成三角形联结，在额定电压下运行。当按下停止按钮 SB_P 或电动机过载时，接触器 KM_1 和 $KM_\triangle$ 断电，电动机停止运转。其梯形图如图 2-4-14 所示，时序波形如图 2-4-15 所示。

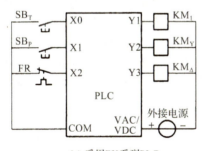

(a) 采用FX系列PLC

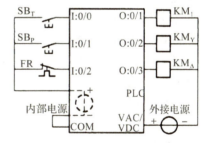

(b) 采用Micro Logix系列PLC

图 2-4-13　三相异步电动机星形－三角形起动 PLC 外部接线图

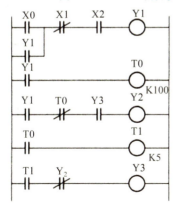

(a) FX2N

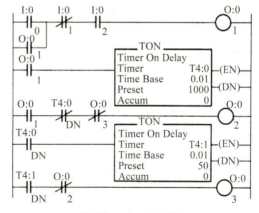

(b) Micro Logix 1200

图 2-4-14　三相异步电动机星形－三角形起动梯形图

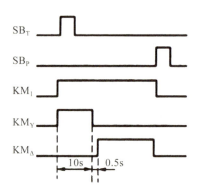

图 2 − 4 − 15　三相异步电动机星形－三角形起动时序波形

2. 液体原料拌和控制

有一个不同液体拌和装置如图 2 − 4 − 16 所示。设所有电磁阀均在通电时打开，停电时关闭；液位大于等于传感器高度时，传感器输出 1，否则为 0。工艺要求为当自动搅拌开关 AUTO 闭合，即进入自动搅拌控制。首先打开电磁阀 1（VT1），原料 A 进入容器；当液面高度达到传感器 2（SN2）所在位置时，关闭电磁阀 1，原料 A 停止进料，打开电磁阀 2（VT2），原料 B 进入容器；当液面高度达到传感器 1（SN1）位置时，关闭电磁阀 2，原料 B 停止进料，同时电动机（KM）起动，开始搅拌，搅拌器持续搅拌 30s；搅拌时间到，电动机停止，出料阀（VT3）打开，经拌和的液体排出；假定 60s 内液体可以排尽，60s 后出料阀自动关闭。若 AUTO 开关继续闭合，进行下一轮拌和；否则，停止。图 2 − 4 − 17 为 PLC 外部接线。节点式液位传感器 SN1 和 SN2 输入到 PLC 的 1:0/1 与 I:0/2 点，自动搅拌控制开关 AUTO 接 I:0/0；输出 O:0/1～O:0/3 分别接电磁阀 1～电磁阀 3 的线圈 VT1～VT3，输出 O:0/0 接接触器 KM 的吸引线圈，KM 控制电动机的起动和停止。图 2 − 4 − 18 为梯形图程序。图 2 − 4 − 19 为时序波形。

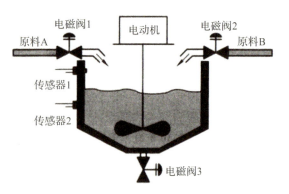

图 2 − 4 − 16　不同液体拌和装置

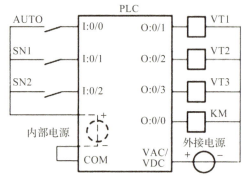

图 2 − 4 − 17　PLC 外部接线图

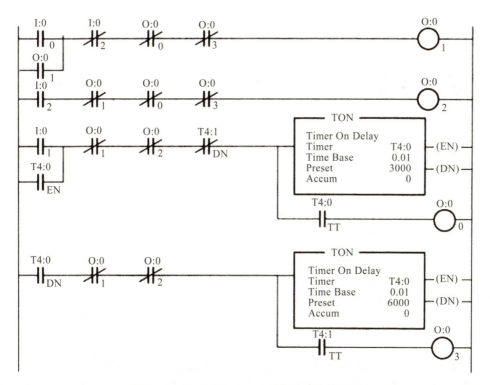

图 2 - 4 - 18　图 2 - 4 - 16 所示装置的梯形图

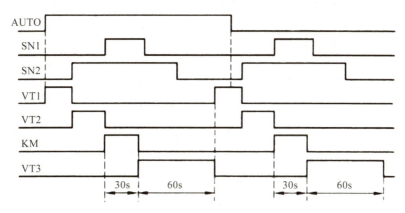

图 2 - 4 - 19　执行程序的时序波形

第3章 常用电子元件与印制电路板

3.1 常用电子元件

3.1.1 电阻器

1. 概 述

电阻器是指具有一定结构形式、能在电路中起限制电流通过作用的二端电子元件,是电子电路和电气设备中广泛应用的基本元器件之一,在电路中用字母 R 表示。电阻器常用于稳定和调节电路中的电流与电压,或作为电路匹配负载使用。电阻的常用电气符号如图3-1-1所示。

(a) 固定电阻器   (b) 可变电阻器

图 3-1-1 电阻的常用电气符号

阻值不能改变的电阻器称为固定电阻器,阻值可以改变的称为可变或可调电阻器。理想电阻器是线性的,即通过电阻器的瞬时电流与外加瞬时电压成正比,其伏安特性可以用直角坐标系中的一条通过原点的直线来表示,如图3-1-2(a)所示,直线的斜率反映了该电阻器的阻值。而一些特殊电阻器,如敏感电阻元件、白炽灯等,其电压与电流的关系是非线性的,伏安特性则表示为一条曲线。图3-1-2(b)所示为白炽灯钨丝电阻的伏安特性曲线,图3-1-2(c)所示为理想压敏电阻的伏安特性曲线。

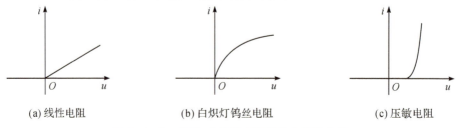

(a) 线性电阻   (b) 白炽灯钨丝电阻   (c) 压敏电阻

图 3-1-2 线性、非线性电阻的伏安特性曲线

电阻器应用广泛、种类繁多,常见分类如下。

(1)按材料分:主要有碳膜电阻、金属膜电阻、线绕电阻、玻璃釉膜电阻、有机合成实心电阻等。

(2)按结构分:主要有固定电阻、可变电阻等。

(3)按用途分:主要有精密电阻、功率电阻、高压电阻、高频电阻、热敏电阻、光敏电阻、熔断电阻等。

(4)按封装形式分:主要有插件电阻、片式电阻等。

常用电阻器的外形如图 3-1-3 所示。

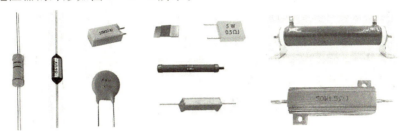

图 3-1-3　常用电阻器外形

2. 主要参数及标注方法

电阻器的参数包括标称阻值、允许偏差、额定功率、温度系数、最高工作温度、最高工作电压、噪声及高频特性参数等。一般在选用电阻器时,主要考虑的参数是标称阻值、允许偏差和额定功率。

(1)标称阻值和允许偏差。

电阻值的基本单位是欧姆,简称"欧",符号是"Ω"。标称阻值是指电阻器表面所标示出的电阻值,这是一个近似值,与该电阻器的实际阻值之间存在偏差。国家标准规定了电阻器的标称阻值系列(也称优先数系)及其对应的允许偏差(常用精度等级表示),常用的电阻器标称阻值系列见表 3-1-1。实际选用电阻器时,应按照标称阻值选择;若不在表内,则根据允许偏差就近选取。

表 3-1-1　常用电阻器标称阻值

标称系列	允许偏差	标称阻值
E24	$\pm 5\%$	1.0,1.1,1.2,1.3,1.5,1.6,1.8,2.0,2.2,2.4,2.7,3.0,3.3,3.6, 3.9,4.3,4.7,5.1,5.6,6.2,6.8,7.5,8.2,9.1
E12	$\pm 10\%$	1.0,1.2,1.5,1.8,2.2,2.7,3.3,3.9,4.7,5.6,6.8,8.2
E6	$\pm 20\%$	1.0,1.5,2.2,3.3,4.7,6.8

注:用表中数值乘以 10^n(n 为整数)即为电阻器的标称阻值。

标称阻值的标注一般采用色标法、直标法和文字符号表示法来标注。

①色标法。色标法多用于小功率电阻器,采用不同颜色的色环表示电阻器的标称阻值和允许偏差,如表 3-1-2 所示。常见的有四色环标注法和五色环标注法。普通电阻器多用四色环标注法,精密电阻器常采用五色环标注法。

表 3-1-2　电阻色环与数值的对应关系

色环颜色	黑	棕	红	橙	黄	绿	蓝	紫	灰	白	金	银	无色
有效数字	0	1	2	3	4	5	6	7	8	9			
倍率	10^0	10^1	10^2	10^3	10^4	10^5	10^6	10^7	10^8	10^9	10^{-1}	10^{-2}	
允许偏差/%		±1	±2								±5	±10	±20

　　四色环标注法如图 3-1-4 所示。其中第 1 环(一般距离电阻体引线端较近)和第 2 环表示有效数字；第 3 环表示倍率；第 4 环与前 3 环距离稍远,表示允许偏差。例如,某电阻器的四色环分别为"绿棕橙金",经查表 3-1-2 可知,该电阻器的标称阻值为：$51\times10^3\Omega=51k\Omega$,允许偏差为$\pm5\%$。当采用五色环标注时,则第 1 环、第 2 环、第 3 环表示有效数字,第四环表示倍率,第五环表示允许偏差。

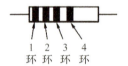

图 3-1-4　电阻器的四色环标注

　　②直标法和文字符号标注法。直标法就是在电阻体表面直接标注电阻器的类别、标称阻值和允许偏差等技术参数,主要用于功率比较大的电阻器。文字符号标注法则是将文字符号、数字等有规律地结合起来,表示电阻器的主要参数。例如,阻值单位欧姆用"Ω"表示、千欧用"$k\Omega$"表示、兆欧用"$M\Omega$"表示；允许偏差$\pm5\%$、$\pm10\%$和$\pm20\%$分别用字母 J、K、M 表示等。近年来,随着表面贴装技术的迅速发展,电子元件不断小型化,电阻器的体积越来越小,文字符号法也随之变化和简化。

　　(2)额定功率

　　由于电流的热效应,电阻器中通过电流时会引起发热,温度过高会加快绝缘材料的老化、变质,导致阻值改变直至损毁。常温常压下,电阻器长时间连续工作不损坏或不显著改变其性能时所允许消耗的最大功率,称为电阻器的额定功率。常用的电阻器额定功率有0.125W、0.25W、0.5W、1W、2W、5W 等,标注方法如图 3-1-5 所示。额定功率的大小主要取决于电阻体的材料、外形尺寸和散热面积。一般来说,对于同一类电阻器,额定功率越大,其外形尺寸也越大。

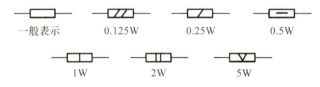

一般表示　　0.125W　　0.25W　　0.5W

1W　　2W　　5W

图 3-1-5　常用电阻器额定功率的标注方法

　　实际选用电阻器时,应先估算电阻器在电路中消耗的功率,然后按照实际消耗功率的1.5 倍以上,选定电阻器的额定功率。此外,使用电阻器时,应首先用万用表检查其阻值是

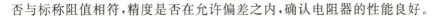

否与标称阻值相符,精度是否在允许偏差之内,确认电阻器的性能良好。

3. 常用固定电阻器

(1)碳膜电阻。碳膜电阻由结晶碳沉积在磁棒或陶瓷骨架上,并在表面涂以环氧树脂密封保护而制成。碳膜电阻稳定性好,阻值和功率范围宽,但精度较低。由于制作工艺简单,原材料成本较低,因此价格低廉,在一般电子产品中大量使用。

(2)金属膜电阻。与碳膜电阻不同,金属膜电阻采用合金粉替代结晶碳。在相同的额定功率下,金属膜电阻具有更小的体积、更高的精度、更低的噪声和更好的稳定性,常作为精密和高稳定性电阻使用,是目前电子电路中应用十分广泛的电阻器。

(3)线绕电阻。线绕电阻由电阻率较大、性能稳定的锰铜、康铜、镍铬等合金线涂上绝缘层,在绝缘骨架上绕制而成,外层涂有保护漆或玻璃釉等耐高温涂料。根据 $R=\rho l/s$(其中 ρ 为合金线的电阻率,l 为合金线的长度,s 为合金线的截面积),当 ρ、s 为定值时,阻值和长度之间呈线性关系。这使得线绕电阻具有高精度、大功率、高稳定性等优点,而且短时间过载能力强,多用于构成精密仪表、电讯仪器等。线绕电阻的体积可以做得比较大,通过外加散热器,用作大功率电阻。还可以通过选用无磁性材料和特殊的无感绕法,减少线绕电阻电感量,从而用于中高频电路中。

(4)片式电阻。片式电阻按工艺可分为厚膜片式电阻和薄膜片式电阻。厚膜片式电阻采用厚膜工艺(一般是丝网印刷或模板印刷)制成;薄膜片式电阻采用真空蒸发等工艺蒸镀于基底绝缘材料表面,然后通过光刻工艺将薄膜蚀刻成一定的形状。由于光刻工艺可以精确控制,薄膜片式电阻的精度能够做得非常高。片式电阻体积小、重量轻、安装密度高、机械强度高,且分布电感和分布电容都较小,电性能稳定,高频特性好。由于片式电阻适于采用自动装贴机安装,常用于高集成度的电路板上,可以明显减小电子产品的尺寸,节约电路空间,使设计更精细化,现已成为电路板设计的首选组件。

4. 电位器

电位器是一种在电子设备中广泛应用、阻值可按某种变化规律调节的可变电阻元件。电位器通常由电阻体和可移动的电刷组成。当电刷沿电阻体移动时,在输出端即可获得与位移量成一定关系的电阻值或电压值。

常用电位器的外形如图 3-1-6 所示。按调节方式可分为旋转式、直滑式等,一般的旋转式电位器的旋转角度约为 $270°$;按阻值输出函数特性可分为直线式、指数式、对数式等;按制造材料可分为合成碳膜电位器、有机实心电位器、线绕电位器等。其中,合成碳膜电位器的阻值范围宽、分辨率高、成本低、额定功率小,应用广泛。有机实心电位器结构简单、体积小、可靠性高,主要用于小型化电子设备中作微调使用。线绕电位器精度高、线性度好、额定功率大,可在高温或大功率环境中使用。

图 3-1-6　常用电位器的外形

电位器按结构又可分为单圈、多圈,单联、双联,带开关,锁紧和非锁紧等类型。常见电位器结构与符号如图 3-1-7 所示。普通电位器大多是单圈的,多圈电位器可旋转十多圈,属于精密电位器,其特点是功率较大、调节精度高,广泛应用于电源电路及其他需要精细调整的电路中,但价格相应也较高。

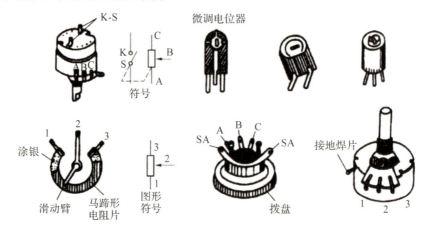

图 3-1-7　常用电位器结构与符号

近年来,随着集成电路技术的发展,一种新型数字式电位器正在迅速推广。它采用数控方式设置和调节电阻值,具有无触点、寿命长、低噪声、体积小、抗干扰等显著优点,且能与数字电路和单片机灵活兼容,可在许多领域替代传统机械式电位器,颇具发展前景。

5. 特殊电阻器

(1)熔断电阻器。熔断电阻器是指具有保护功能的电阻器,在正常情况下起着电阻和保险丝的双重作用,其电阻值和功率一般都较小。当电路出现故障而使其功率超过额定功率时,它会像保险丝一样熔断使电路断开。选用时应根据电路的具体要求选择阻值和功率等参数,既要保证它在过负荷时能快速熔断,又要保证它在正常条件下可长期稳定地工作。阻值过大或功率过大,均不能起到保护作用。

(2)敏感电阻器。敏感电阻器是指电阻值对于某种物理量(如温度、光照、湿度、电压、机械力和气体浓度等)具有敏感特性,当这些物理量发生变化时,敏感电阻的阻值会随物理量变化而发生改变,因此常用于各类传感器中。

敏感电阻器通常由单晶、多晶半导体材料制成,因此也常称为半导体电阻器。根据敏感物理量的不同,敏感电阻器可分为热敏、压敏、光敏、湿敏、力敏和气敏等类型。常见敏感电阻器的外形如图 3-1-8 所示。

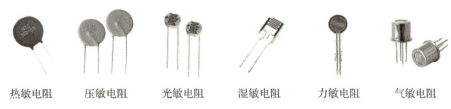

热敏电阻　　压敏电阻　　光敏电阻　　湿敏电阻　　力敏电阻　　气敏电阻

图 3-1-8　常见敏感电阻器的外形

在电路设计中应用比较多的是热敏电阻和压敏电阻,常用作保护器件。其中,热敏电阻的阻值会随温度变化而改变,按照温度系数不同可分为正温度系数热敏电阻和负温度系数热敏电阻两类:正温度系数热敏电阻的阻值随温度升高而增大,负温度系数电阻则相反。按结构又可分为直热式和旁热式两种。直热式是利用电阻体本身通过电流产生热量,使其电阻值发生变化;旁热式则由两个电阻组成,一个为热源电阻,另一个为热敏电阻。热敏电阻常用作温度补偿、限流保护等,主要应用于自动检测和自动控制领域。

压敏电阻的特性是当两端所加电压超过一定阈值时,电阻器阻值会迅速下降,可以通过大电流;当两端电压低于阈值时,电阻器又恢复高阻状态。因此常用于浪涌防护和过压保护电路中。

(3)标准电阻器。标准电阻器是用于保存电磁单位制中电阻单位"欧姆"的量值的标准量具。其特点是电阻值非常准确和稳定,可用作计量标准,或装在电测量仪器内作为标准电阻元件。标准电阻器一般用温度系数低、稳定度高的锰铜合金丝(片)绕在黄铜或其他材料的骨架上,再套上铜制外壳制成。外壳与骨架通常焊在一起,将电阻丝密封起来,以减少大气湿度等因素的影响。

标准电阻器的等级一般由各国计量部门制定和有关国家标准规定。我国规定的标准电阻器分为计量基准、计量标准和工作计量器具三档。直流电阻基准是最高档的标准电阻器,保存在国家计量技术机构,用于复现和保存法定电阻单位。

3.1.2　电容器

1. 概　述

电容器是电子电路中必不可少的重要元件。在电路中用字母 C 表示。当在电容器两端施加一定的电压后,两极板间的电介质在电场作用下被极化,处于极化状态的介质两侧可以储存一定量的电荷,因此电容器是一种储能元件。利用电容器隔直流、通交流的特性,可以构成定时电路、滤波电路、谐振电路、耦合电路、旁路和去耦电路、积分和微分电路、储能电路等。电容的常用电气符号如图 3-1-9 所示。

(a) 固定电容　　　　　　　(b) 极性电容　　　　　　　(c) 可变电容

图 3-1-9　电容的常用电气符号

电容器的种类很多，常见的分类如下。

（1）按介质材料分：主要有气体介质电容器、液体介质电容器、有机介质电容器、无机介质电容器、电解电容器等。

（2）按结构分：主要有固定电容器、半可变电容器、可变电容器等。

（3）按极性分：有极性电容器、无极性电容器。

常用电容器的外形如图 3-1-10 所示。

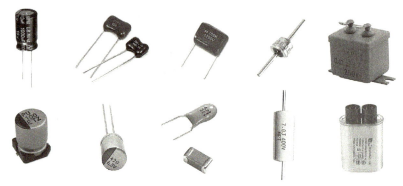

图 3-1-10　常用电容器的外形

2. 主要参数及标注方法

（1）标称容量及允许偏差

电容量是指电容器施加电压后储存电荷的能力。国家标准规定了电容器标称容量系列（也称优先数系）和允许偏差（常用精度等级表示），如表 3-1-3 所示。大部分应用场合不要求高精度的电容器，这样可以降低成本。

表 3-1-3　常用电容器标称容量

标称系列	允许偏差	偏差等级	标称容量
E24	±5%	I	1.0、1.1、1.2、1.3、1.5、1.6、1.8、2.0、2.2、2.4、2.7、3.0、3.3、3.6、3.9、4.3、4.7、5.1、5.6、6.2、6.8、7.5、8.2、9.1
E12	±10%	II	1.0、1.2、1.5、1.8、2.2、2.7、3.3、3.9、4.7、5.6、6.8、8.2
E6	±20%	III	1.0、1.5、2.2、3.3、4.7、6.8

注：用表中数值乘以 10^n（n 为整数）即为电容器的标称容量。

电容量的基本单位是法拉，简称"法"，符号是"F"。常用单位有微法（uF）、纳法（nF）、皮法（pF），它们之间的关系为：$1pF = 10^{-3}nF = 10^{-6}\mu F = 10^{-12}F$。常用标注方法有直标法、数码法等。一般微法级电容器常采用直接标注法，如"$47\mu F$"；皮法级电容器多用数码标注法，如"332"，表示电容器的标称容量为：$3300pF = 0.033\mu F$，前两位表示有效数字，第三位

表示有效数字后面"零"的个数,单位为 pF。

(2)额定电压。

额定电压是指电容器在常温常压下,能长期可靠工作时所承受的最大直流电压或最大交流电压的有效值或脉冲电压的峰值。额定电压值通常直接标注在电容器上。

选用电容器时,应使其额定电压约为实际工作电压的 1.5～3 倍。对于电解电容器,最好不低于 2 倍,以降低损耗,提高使用寿命。电容器应用在高压场合时,必须注意电晕的影响。电晕易发生在交流或脉动条件下,会导致电容器介质被击穿。使用时应保证直流电压与交流电压峰值之和低于电容器的直流电压额定值。

(3)绝缘电阻。

绝缘电阻又称漏电阻,是指电容器的端电压与漏电流之比,反映了电容器的介质性能。实际电容器并不是绝对绝缘的,绝缘电阻越小,电容器的漏电流就越大,产生的能量损耗也越大。这不仅影响电容器寿命,也影响电路正常工作。此外,工作环境温度升高也会使电容器的绝缘电阻降低。

3. 常用电容器

(1)电解电容器。

电解电容器是目前广泛使用的大容量电容器,具有体积小、耐压高(一般耐压越高,体积也越大)。其介质为正极金属片表面形成的一层氧化膜,负极为液体、半液体或胶状的电解质。其有正负极之分,因而使用中应保证正极电位高于负极电位,否则会导致漏电流剧增,引起电容器过热而损坏,甚至炸裂。在电解电容器的表面通常标有正极或负极,也可通过引线长短来判断极性,引线较长一端为正极,较短一端为负极,如图 3-1-11 所示。

铝电解电容容量较大,价格低廉,因而使用广泛,但性能较低,寿命较短。相比之下,钽、铌、钛电容漏电流小,稳定性高,但成本高,通常用在可靠性要求较高的电路中。

负极
(-)

正极
(+)

图 3-1-11　电解电容器的极性辨别

(2)云母电容器。

云母电容器以云母片作介质,性能稳定,耐压范围宽,精度高,可用作标准电容器;但容量有限,制作工艺复杂,成本较高。

(3)瓷介电容器。

瓷介电容器采用高介电常数、低损耗的陶瓷材料作介质。因其具有体积小、损耗小、性能稳定、成本低等特点,应用极为广泛。根据工作场合不同,分为低压小功率和高压大功率两种。前者多用于高频、低频电路,后者可用于电力系统的功率因数补偿电路中。

(4)独石电容器。

独石电容器即多层陶瓷电容器,是一种体积小、耐高温、绝缘性能好、可靠性高的新型电容器,多用于小型和超小型电子设备中。

(5)有机薄膜电容器。

有机薄膜电容器的介质主要有聚丙烯膜、聚酯膜和聚苯乙烯膜等,前两种最为常见。

聚酯膜电容器容量大、耐热性好，但介质损耗较大。聚苯乙烯膜电容器绝缘电阻高、耐压高、精度高，但体积大、耐热性差，焊接时应避免过热而损坏电容器。聚丙烯膜电容器具有与聚苯乙烯膜电容器相同的优点，同时体积小，工作温度范围宽，应用非常广泛。

（6）贴片电容器。

贴片电容器将电容器封装在小型方形外壳中，通过自动贴片机安装，再以回流焊接的方式，固定在印制电路板上，主要包括贴片式陶瓷电容、贴片式钽电容、贴片式陶瓷微调电容等。由于贴片电容器具有体积小、可靠性高、频率特性好、稳定性和耐用性强等突出特点，且标准化封装，适于自动化高密度贴片生产，现已成为各种便携式电子产品和微型电子设备中不可或缺的一部分，具有广阔的发展前景。

（7）可变电容器和半可变电容器。

常用可变、半可变电容器的外形如图 3-1-12 所示。其中，可变电容器由一组定片和一组动片组成，调节动片就可以连续改变电容量。也可将两组可变电容器组装在一起同轴转动。按介质可分为空气介质、薄膜介质等。空气介质可变电容损耗小、寿命长，但体积大，多用于电子管收音机中。薄膜介质可变电容器体积小，重量轻，多用于晶体管收音机中。常用空气介质可变电容器的结构和符号如图 3-1-13 所示。

图 3-1-12　常用可变、半可变电容器的外形

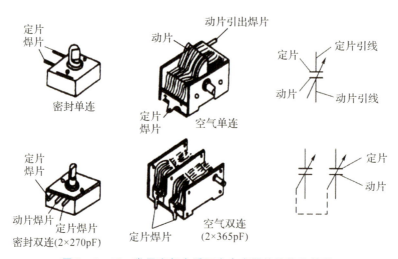

图 3-1-13　常用空气介质可变电容器的结构和符号

半可变电容器也称微调电容器，由一组金属弹片中间夹着介质制成。调节金属片的间距或面积，就可以改变其电容量，调节范围一般为几十皮法。常见介质有空气、有机薄膜、陶瓷和云母等。在电路中主要用作补偿和校正。常见半可变电容器的结构和符号如图 3-1-14 所示。

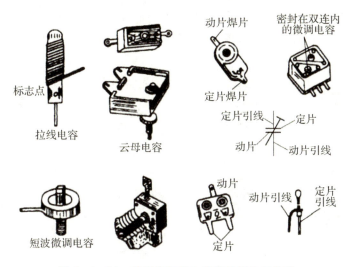

图 3-1-14 常用半可变电容器的结构和符号

（8）超级电容器

超级电容器具有与电解电容器相类似的结构,但容量更大,标称容量范围达 $1 \sim 5000F$。循环寿命长、功率密度高、充放电速度快、工作温度范围宽,同时安全性高、节能无污染。可并联或串联使用,可以替代电池,是一种介于传统电容器和充电电池之间的新型储能器件。超级电容器的发展符合新能源的发展趋势,近年来在电力、交通、消费电子、能量回收、工程机械等领域的应用备受关注。

3.1.3 电感器

1. 概 述

电感器是利用电磁感应原理进行工作的一种基本电路元件,它能够把电能转化为磁能储存起来,也是一种储能元件。在电路中用字母 L 表示。电感器的电特性与电容器相反,通直流而阻交流。当交流信号通过电感器时,电感器两端会产生自感电动势,自感电动势的方向与外加电压的方向相反,阻碍交流信号的通过,并且频率越高,电感器的阻抗越大,因此电感器又称阻流器、电抗器,广泛应用在振荡、隔离、调谐、滤波、延迟、偏转等电路中。电感的常用电气符号如图 3-1-15 所示。

(a) 固定电感　　　(b) 可变电感　　　(c) 铁芯线圈　　　(d) 磁芯线圈

图 3-1-14 电感的常用电气符号

制作电感器时,多用外层绝缘的导线绕成一定匝数,以产生一定的自感量,因此也称为电感线圈或简称线圈。常见的电感器分类如下。

（1）按形式分:分为固定电感器、可变电感器和微调电感器。

（2）按导磁体性质分：分为空芯电感器、磁芯电感器、铁芯电感器等。

（3）按工作性质分：分为天线线圈、振荡线圈、阻流线圈、陷波线圈、偏转线圈等。

常用电感器的外形如图 3-1-16 所示。

图 3-1-16　常用电感器的外形

2. 主要参数

（1）电感量。

电感量的基本单位是亨利，简称"亨"，符号是"H"。常用单位有：毫亨（mH）、微亨（μH），三者之间的换算关系为：$1H = 10^3 mF = 10^6 \mu F$。电感量也称自感系数，用于表征电感器的自感应能力，它的大小与线圈匝数、绕制方式、磁芯材料均有关。在空心线圈中插入磁芯或铁芯，可增加电感量。

（2）品质因数。

品质因数（也称作 Q 值），是指电感器在某一频率的交流电压下工作时所呈现的感抗与其等效损耗电阻之比。电感器的 Q 值越高，则损耗越小，效率也越高。因此，品质因数是衡量电感器性能的重要参数。

（3）额定电流。

额定电流是指电感器在允许的工作环境下所能承受的最大电流值。若工作电流超过额定电流，电感器就会因发热而使性能参数发生改变，甚至还会因过流而烧毁。

（4）分布电容。

分布电容是指电感器线圈匝与匝之间、线圈与屏蔽罩间、线圈与地之间存在的电容，即由空气、导线的绝缘层、骨架所形成的电容。分布电容会使电感器的等效损耗电阻增大，导致电感器的品质因数下降，稳定性变差。

电感器在使用前，可使用万用表的电阻测量功能进行检测。若测量读数很小（通常几欧姆），说明电感器正常；若读数无穷大，则说明电感器内部存在短路，不能使用。

3. 常用电感器

（1）小型固定电感器。

小型固定电感器一般是将绝缘铜线绕在磁芯上，外层包上环氧树脂或塑料制成，是一种通用性强的系列化产品，具有体积小、重量轻、结构牢固、电感量稳定、安装使用方便的特点，广泛应用在电视机、收录机等电子设备中。

（2）阻流电感器。

阻流电感器也称阻流圈或扼流圈，用于限制或阻止所通过的稳定电流的波动，分为高频扼流圈和低频扼流圈。高频扼流圈的特点是电感量小、损耗小，用于阻止高频信号通过。低频扼流圈的电感量则要大得多，通常采用铁芯，电感量可达几十亨，多用于电源滤波电路、音频电路中。

（3）偏转线圈。

偏转线圈用作电视机扫描电路输出级的负载，分为行偏转线圈和场偏转线圈。行偏转线圈用于产生垂直方向上线性变化的磁场，使电子束作水平方向扫描。场偏转线圈则用于产生一个水平方向上线性变化的磁场，使电子束作垂直方向扫描。

（4）薄膜电感器。

薄膜电感器一般采用真空薄膜工艺，在陶瓷或微晶玻璃基片上沉淀金属导片制成。在微波频段具有小体积、高品质因数、高精度、高稳定性的良好特性，易于自动化贴装和集成，符合移动通信设备小型化、轻量化的发展趋势。但其制造工艺复杂，设备投资大，制作成本昂贵，因此目前只应用在一些特殊领域。

（5）可变电感器和微调电感器。

可变电感器通过改变插入线圈中的磁芯位置，实现电感量的调节。收音机中的磁棒式天线线圈就是一种可变电感器，它与可变电容器组成调谐回路，用于接收无线电波信号。改变线圈间的匝间距离，也可以实现电感量的微调。常用可变电感器、微调电感器的外形如图 3 - 1 - 17 所示。

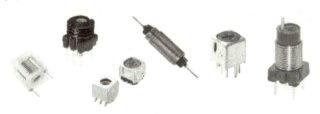

图 3 - 1 - 17　常用可变电感器、微调电感器的外形

3.1.4　半导体二极管

半导体器件采用导电性介于良导体和绝缘体之间的半导体材料（硅、锗或砷化镓等）制成，具有体积小、重量轻、耗电省、寿命长、可靠性高等优点。利用半导体材料的特殊电特性，可实现整流、放大、振荡、显示等电路功能。半导体器件应用广泛、种类繁多、功能各异，主要包括半导体二极管、半导体三极管、场效应管等。

1. 概　述

半导体二极管在电路中用字母 D 表示。它的基本结构是由一块 P 型半导体和一块 N 型半导体结合在一起形成的一个 PN 结。PN 结的 P 型半导体一端引出的电极称为阳极，N 型半导体一端引出的电极称为阴极。二极管的常用电气符号如图 3 - 1 - 18 所示。

| (a) 普通二极管 | (b) 稳压二极管 | (c) 发光二极管 | (d) 光电二极管 | (e) 变容二极管 |

图 3-1-18　二极管的常用电气符号

当向 PN 结施加一个大于开启电压（硅管约为 0.5V，锗管约为 0.2V）的正向电压时，PN 结处于导通状态，电流增加；当施加一定范围的反向电压时，PN 结处于截止状态，电阻很大，电流几乎为零。因此，PN 结具有单向导电性，其伏安特性如图 3-1-19 所示。此外，当施加的反向电压大于一定值的时候，反向电流会迅速增加几个数量级，这时二极管出现反向击穿，这个电压称为反向击穿电压。

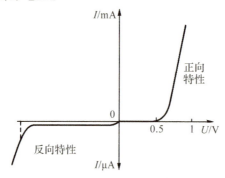

图 3-1-19　半导体二极管的伏安特性曲线

利用 PN 结的这些特性，可以制成在许多领域广泛应用的二极管。常用半导体二极管的外形如图 3-1-20 所示。

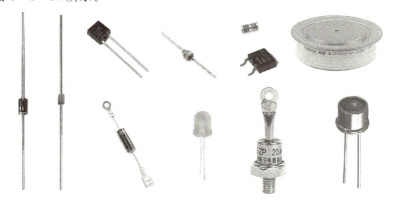

图 3-1-20　常用半导体二极管的外形

2. 主要参数

（1）最大整流电流：指二极管长期连续运行时，允许通过的最大正向电流平均值。其值与 PN 结的结面积和外部散热条件有关。

（2）最高反向工作电压：指在二极管正常工作时，所能施加的最大反向电压值。通常取反向击穿电压值的一半。

（3）反向电流：指在常温下，向二极管施加最高反向电压时，流过二极管的反向电流。

该电流值与构成二极管的半导体材料和温度有关。常温下,硅管一般为纳安级,锗管一般为微安级。该值越小,二极管的单向导向性能越好。

(4)最高工作频率:受 PN 结结电容的影响,当二极管的工作频率超过该值时,二极管的单向导电性将会变差。

3. 常用半导体二极管

(1)整流二极管。

整流二极管一般为平面型硅二极管,具有较大的输出电流和较高的反向工作电压,主要用于电源电路中的整流,可将交流电转换为脉动的直流电。整流二极管采用面接触型,结电容较大,故一般工作在 3kHz 以下的电路中。

用四只整流二极管以特定方式连接,可构成整流桥堆,广泛应用于电源适配器、电机控制器等电子设备中。把多个高压整流二极管串联,封装在树脂中制成的整流块,称为整流硅堆。常用的整流二极管、整流桥堆、整流硅堆如图 3－1－21 所示。

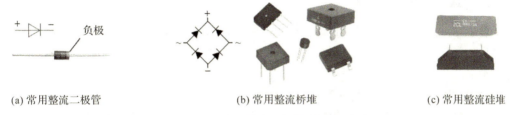

(a) 常用整流二极管　　　　　　(b) 常用整流桥堆　　　　　　(c) 常用整流硅堆

图 3－1－21　常用整流二极管、整流桥堆外形

(2)稳压二极管。

稳压二极管也称齐纳二极管,是利用 PN 结在反向击穿状态时,其两端电压基本保持不变的特性制成的,主要用于稳压电源中的电压基准电路或过压保护电路中。将稳压二极管串联,可以获得更高的稳定电压。

稳压二极管正常工作时,要求输入电压应在一定范围内变化。若输入电压超过一定值,使流过稳压管的电流超出其上限值时,会使稳压管损坏;而当输入电压小于稳压管的稳压范围时,电路将得不到预期的稳定电压。

(3)开关二极管。

开关二极管正是利用 PN 结的单向导电性(即导通时相当于开关闭合、截止时相当于开关打开)来设计制造的一类二极管。开关二极管的特点是导通或截止的速度很快,能满足高频和超高频电路的需要,常用于脉冲数字电路、自动控制电路中。

(4)发光二极管。

发光二极管(light-emitting diode,LED),除具有普通二极管的单向导电性外,还可把电能转化为光能,具有体积小、耗电省、发光效率高等特点,广泛应用于家用电器、电子仪表的指示电路和微光照明等。通常由含镓、砷、磷、氮等的化合物制成,当有电流流过时,能发出红、黄、蓝、绿、橙、白及红外光。一般情况下,通过 LED 的电流在 10~30mA,可以用直流、交流、脉冲电流驱动,但必须串接限流电阻。

由多个发光二极管可组成 LED 数码管,用于显示数字、字母及特殊符号,规格尺寸和颜色各异。按内部电路结构分为共阴极数码管和共阳极数码管两种，使用时由显示译码器驱动。

（5）光电二极管。

光电二极管也称光敏二极管，PN 结工作在反偏状态，结面积较大，可接收入射光。在一定频率光的照射下，反向电阻会随光强度的增大而减小，反向电流增大。常用于制成光测量传感器，或在光通信中作为光电转换器件。光电二极管在无光照射时的反向电流称为暗电流，有光照射时的电流称为光电流。

（6）变容二极管。

变容二极管一般工作在反偏状态，是一种利用 PN 结的反向偏压来改变 PN 结电容量的特殊二极管。其势垒电容会随着外加电压的变化而变化，相当于一个容量可变的电容。反向偏压越大，PN 结的绝缘层越宽，结电容就越小。常用于自动调谐、调频、调相等电路中。例如，在高频自动调谐电路中，用电压去控制变容二极管从而控制电路的谐振频率。自动选台的电视机也会用到这种二极管。

4. 半导体二极管的极性判别

普通二极管外壳上印有型号和极性标记。标记方法有箭头、色点、色环等，箭头所指方向或靠近色环的一端为二极管的阴极，有色点的一端为阳极。若标记脱落，可使用万用表进行判别。

（1）使用指针式万用表进行检测。

使用指针式万用表进行二极管极性判别的主要运用的原理是二极管的单向导电性（二极管的反向电阻远远大于正向电阻）。判别时的等值电路如图 3-1-22 所示。用指针式万用表电阻挡×100 挡或×1k 挡的两只表笔分别以正、反两个方向测量二极管，指针所指示的阻值应相差很大。其中，硅二极管反向测量时指针应几乎不动，锗二极管反向测量时指针摆动角度应不足全刻度的 1/2，这时说明二极管可正常使用。

当万用表指示为低阻值时，则说明二极管处于正向偏置状态，这时万用表黑表笔接的是二极管的阳极端，红表笔接的是二极管的阴极端。此时有较大的电流流过万用表表头，万用表测出的是二极管的正向电阻值。反之，若黑表笔接二极管的阴极端，红表笔接二极管的阳极端，则二极管处于反向偏置状态，流过万用表表头的电流很小，万用表则指示为高阻值。因此，根据这两种连接方式下测得的电阻值大小就可以判别二极管的极性。若两次测得的阻值都很小，表示二极管已被反向击穿；若两次测得的阻值都很大（接近∞），则说明二极管内部已断路。

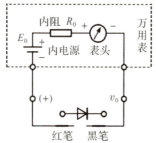

图 3-1-22　使用指针式万用表判别二极管极性的等值电路

（2）使用数字万用表进行检测。

将数字万用表的功能旋转开关置于二极管测试挡，两只表笔分别以正、反两个方向测量二极管。若红表笔接二极管的阳极端，黑表笔接二极管的阴极端，则屏幕将显示被测二极管正向压降的近似值（一般约为 0.5～0.8V）。若反接，则屏幕显示超量程状态。据此则可判别二极管的极性。

3.1.5　半导体三极管

1. 概　述

半导体三极管又称双极型晶体管，是最重要的电子元器件之一，也是电子电路的核心器件。通过在一块半导体基片上制作两个相距很近的 PN 结（分别称为集电结和发射结），将整块半导体分成三个区，每个区各引出一个电极，分别对应三极管的集电极（C）、基极（B）、发射极（E）。

三极管最基本的特性是电流放大，是一种控制电流的半导体器件。根据结构不同，分为 NPN 型、PNP 型两种。常用三极管的图形符号如图 3-1-22 所示。

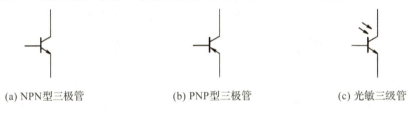

(a) NPN型三极管　　　　　　(b) PNP型三极管　　　　　(c) 光敏三级管

图 3-1-23　常用三极管的图形符号

根据功率不同，三极管可分为小功率管、中功率管、大功率管；根据工作频率，又可分为低频管、高频管；根据封装材料不同，还可分为金属封装、塑料封装等。此外，还有一些专用或特殊三极管。常用三极管的外形如图 3-1-23 所示。

图 3-1-24　常用三极管的外形

2. 主要参数

（1）电流放大系数：三极管的电流放大系数一般指共发射极电流放大系数（β），是表征三极管电流放大作用的最主要参数。实际工作中，一般选择 30～200。过低，电路的放大能力较差；过高，会使三极管工作不稳定，造成电路噪声增大。

（2）集电极最大允许电流：是限制晶体管安全工作范围的一个重要参数。若三极管集电极电流过大，会导致三极管 β 值下降，性能变差。

（3）最大管耗：指根据三极管允许的最高结温而确定的集电结最大允许耗散功率。在实际工作中，集电结耗散功率应选择适中，过小会因三极管过热而烧坏，过大又会造成浪费。

（4）特征频率：指三极管 β 值下降到 1 时所对应的频率，此时三极管将失去电流放大能力。在实际工作中，应使三极管特征频率高于电路工作频率的 3～10 倍，以保证三极管放大倍数在工作频率范围内的稳定性，但也不可太高，过高易引起高频振荡。

3. 常用半导体三极管

（1）小功率三极管。一般小功率三极管的额定功耗在 1W 以下，具有工作频率高、工作稳定的特点，广泛应用于电压放大、振荡电路中。

（2）大功率三极管。大功率三极管的额定功耗可达几十瓦以上，具有输出功率大、反向耐压高、结温高等特点，主要应用于功率放大、电源转换等电路中。大功率三极管在使用时，散热器要和管子底部接触良好，必要时中间可涂导热有机硅胶。

（3）达林顿管。达林顿管又称复合管，由两只三极管串联而成，具有很强的电流放大能力和很高的输入阻抗，通常用于高灵敏度放大电路中放大微弱信号。

（4）光电三极管。光电三极管的结构与普通三极管相似，但其 PN 结还具有光敏特性，相当于在基极和集电极之间接入了一只光电二极管的三极管。当基区受到入射光照射时，首先通过光电二极管实现光电转换，再经由三极管实现光电流的放大，转换的光电流要比光敏二极管大几十甚至几百倍，因此应用更加广泛。

4. 半导体三极管的判别

（1）判别三极管的管型与基极。

①管型的判别：三极管从结构上可以看成由两个背靠背的 PN 结组成。对 NPN 型管来说，基极是两个等效二极管的公共"阳极"；对 PNP 型管来说，基极则是它们的公共"阴极"。因此，判别出三极管的基极是公共"阳极"还是公共"阴极"，就能判别出三极管是 NPN 型还是 PNP 型。

②基极 B 的判别：首先假设一个是基极，因基极对集电极和发射极是两个同向的 PN 结，可先用万用表的一支表笔放在假设的基极上，用另一支表笔分别接触另外两个极，看看指针偏转幅度如何。再把表笔反过来测一遍，若其中的一次对两极都导通（阻值较小），另一次对两极都截止（阻值很大），则表明假设的基极正确；同时，都导通的那一次接法下，若是黑表笔在基极，说明管子已损坏。

（2）判断集成极 C 和发射极 E。

将基极开路，用万用表电阻挡测集电极与发射极间的电阻。若无论正向还是反向，阻值都很大，说明三极管是好的。为了找出集电极，可先假设某个极为发射极，用一个 $10k\Omega$ 左右的电阻接在 C-B 极之间，再用万用表电阻挡的 ×1k 挡去测 C-E 极之间的电阻（对于 NPN 管则黑表笔放在 C 极，对于 PNP 管则红表笔放在 C 极）。若测得的阻值明显比不接电阻时小，说明假设正确；否则用另一极当作 C 极再测一次。

用万用表判别三极管 C、E 极示意如图 3-1-24 所示。对于 PNP 型管,若用红表笔接 C 极,黑表笔接 E 极,这时万用表指示的电阻值即可反映穿透电流 I_{CEO} 的大小(电阻值小,表示 I_{CEO} 大)。如果在 C-B 极之间跨接一只 $R_b = 100\text{k}\Omega$ 的电阻,由于有 I_B 流通,故此时万用表指示的电阻值反映了 $I_C = I_{CEO} + \beta I_B$ 的大小。因为通常 $\beta \gg 1$,所以 I_C 值较 I_{CEO} 明显增加,因此万用表指示的电阻值将比 R_b 跨接前显著减小(电阻值减小越多,表示 β 值越大)。如果 E、C 极接反了,即把红表笔接 E 极,黑表笔接 C 极(相当于把晶体管 C-E 极之间的电源反接),晶体管处于倒置工作状态。此时,电流放大系数很小。因此,当用电阻 R_b 跨接在你所认为的 B、C 极之间时,万用表指示的电阻值变化不大。据此原理,即可判别 C、E 极。若无电阻,可用手指捏紧 C-B 两极代替电阻,但注意不要把 C-B 两极碰到一块。

(3)用万用表的 hFE 挡测量三极管的 β 值。

万用表的 hFE 挡有两列小插孔,每列三个孔,其中一列用于测 NPN 管,另一列用于测 PNP 管。三个孔上都标有 E、B、C 符号,把三极管的三个管脚插入对应三个孔,表针指示的刻度(或屏幕显示的读数)即表示 β 值的近似大小。

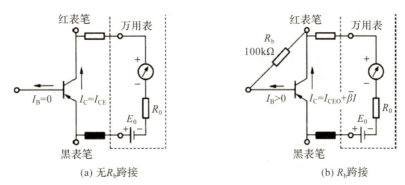

(a) 无 R_b 跨接　　　　　　　　　　　　(b) R_b 跨接

图 3-1-25　用万用表判别三极管 C、E 极示意

3.1.6　场效应管

1. 概　述

场效应晶体管简称场效应管(FET),又称单极型晶体管,属于电压控制型半导体器件,主要包括结型场效应管(JFET)和绝缘栅型场效应管(IGFET)两大类,绝缘栅型场效应管也称为 MOS 场效应管(MOSFET)。其中,结型场效应管包括 N 沟道和 P 沟道两种;绝缘栅型场效应管除区分 N 沟道和 P 沟道外,还区分增强型和耗尽型。场效应管的常用电气符号如图 3-1-26 所示。

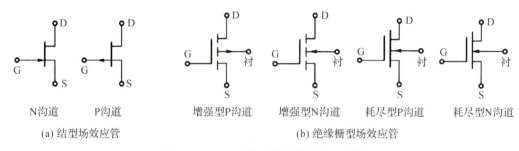

N沟道　　P沟道　　　　　增强型P沟道　增强型N沟道　耗尽型P沟道　　耗尽型N沟道

（a）结型场效应管　　　　　　　　（b）绝缘栅型场效应管

图 3 - 1 - 26　场效应管的常用电气符号

场效应管和三极管一样，都能实现信号的控制和放大，但在结构和工作原理上，与双极型晶体管截然不同。在某些特殊应用场合，场效应管的性能优于双极型晶体管，具有输入阻抗高、热稳定性好、功耗小、噪声低、抗辐射能力强等特点。除常用于电子开关、恒流源、功率放大、阻抗变换等场合外，数字电路中的与门、或门、与非门等逻辑门电路也常由场效应管构成。由于场效应管能在小电流和低电压下工作，且制造工艺简单、易集成，因此在大规模、超大规模集成电路中得到了广泛应用。常用场效应管的外形如图 3 - 1 - 27 所示。

图 3 - 1 - 27　常用场效应管的外形

2. 主要参数

场效应管的直流参数主要包括夹断电压、开启电压、饱和漏极电流和直流输入电阻等。交流参数主要有低频跨导、极间电容等，其中低频跨导是反映场效应管对交流信号放大能力的一个重要参数。极限参数包括最大漏极电流、最大耗散功率、最大漏源极间电压、最大栅源极间电压等。

3. 常用场效应管

常用的场效应管分为小功率场效应管和功率场效应管。

功率场效应管具有开关速度快、导通电阻小、驱动电流小、安全工作区较宽的优点，可以并联使用，广泛应用于电机调速、开关电源等领域。

3.1.7　集成电路

1. 概　述

集成电路是指采用一定的工艺，把实现一定功能的电路制作在一块或几小块半导体晶片或介质基片上，然后封装在一个管壳内，成为具有所需电路功能的微型电子器件。由于所有元件及布线在结构上已组成一个整体，这使得电子元件向着微小型化、低功耗、智能化和高可靠性方面迈进了一大步。

集成电路具有体积小、引出线和焊点少、寿命长、可靠性高、性能好等优点,同时成本低,便于大规模生产。其装配密度比晶体管可提高几十倍至几千倍,设备的稳定工作时间也可大大提高,因此在工业、民用、军事、通信、遥控等方面得到广泛应用。

集成电路按功能可分为模拟集成电路、数字集成电路、数模混合集成电路三大类。按集成度可分为小规模集成电路、中规模集成电路、大规模集成电路和超大规模集成电路等。按封装材料又可分为金属集成电路、陶瓷集成电路、塑料封装集成电路等。常见集成电路的封装形式如图 3-1-28 所示。

图 3-1-28　常见集成电路的封装形式

集成电路的管脚按一定规律进行排列,通常是从外壳顶部向下看,自左下角第一脚按逆时针方向计数。其中第一脚一般有凹槽、色点等标志。

2. 模拟集成电路

模拟集成电路用于产生、放大和处理各种连续函数形式的模拟信号。从功能上划分,常用的模拟集成电路有集成运算放大器、集成电压比较器、线性集成稳压器和集成功率放大器等。

(1)集成运算放大器。集成运算放大器简称集成运放,是一种高增益的直接耦合放大电路。在它的输入与输出之间接入不同的反馈网络,可构成不同用途的电路,实现信号的放大、运算和处理以及波形的产生和变换等功能。

集成运放的种类很多,适用于不同场合。按照其电路参数进行分类,可分为通用型、高阻型、低温漂型、高速型、低功耗型和大功率型等。

(2)集成电压比较器。集成电压比较器用于对输入信号进行鉴别和比较,可看作一种特殊的运算放大器,但响应速度比由集成运放构成的电压比较器快。

集成电压比较器的输入是两路模拟信号,输出则是二进制的数字信号。当输入电压变化时,输出只有 0 和 1 两种状态,因此也可以看作一个一位的 A/D 转换器。

(3)线性集成稳压器。线性集成稳压器是广泛应用于电子电路中的一种电源管理器件,其作用主要是通过将不稳定的直流电源转换为稳定的输出电压,为电路中的各个组件提供稳定的工作电源,从而保证电子设备的正常运行。

(4)集成功率放大器。集成功率放大器可靠性高、外接元件少、易于安装使用,广泛应用于音响、电视设备等电子系统中。在使用时应选配合适的散热器,同时必须在电源引脚旁加装退耦电容以防止产生自激振荡。

3. 数字集成电路

数字集成电路是对离散的数字信号进行处理的集成电路,按结构可分为双极型和单极型。双极型电路应用最广泛的是 TTL 集成电路,单极型电路应用最广泛的是 CMOS 集成电路。

（1）TTL集成电路。TTL集成电路是以双极型晶体管为基本元件，集成在一块硅片上制成，品种繁多，应用广泛，主要包括54和74两大系列，区别在于工作环境温度。TTL集成电路只允许在$(5\pm10\%)$V的电源电压范围内工作；输出端不允许直接接地或接电源。工作时，若多余的输入端悬空易引入外来干扰，造成电路逻辑功能不正常。在电源接通的情况下，不要插拔集成电路，以防损坏。

（2）CMOS集成电路。CMOS集成电路以单极型晶体管为基本单元，因功耗低、速度快、工作电源的电压范围宽、抗干扰能力强、温度稳定性好等特点，发展迅速。它的制造工艺简单，易于大批量生产。CMOS集成电路可在$3\sim18$V的电源电压下工作。工作时，多余的输入端不允许悬空，应按其逻辑要求接电源或接地。输出端同样不允许直接接地或接电源。工作时，应先加电源后加信号。工作结束时，应先撤除信号再切断电源。

3.2　印制电路板

印制电路板（printed circuit board，PCB），或简称印制板，是指在通用基材上按预定设计形成点间连接及印制元件的电子部件。具有导电线路和绝缘底板的双重作用，是电子元器件实现电气互连的重要载体。它可以替代复杂的布线，简化电子产品的装配、焊接、调试工作量；同时，缩小整机体积，降低产品成本，提高电子设备的质量和可靠性。印制电路板具有良好的产品一致性，可以采用标准化设计，有利于在生产过程中实现机械化和自动化。将整块经过装配调试的印制电路板作为一个备件，也便于整机产品的互换与维修。鉴于这些特点，印制电路板已经被广泛地应用于电子产品的生产制造中。

3.2.1　概　述

1.印制电路板的分类

（1）按导电图形层数分类，印制电路板可分为单面板、双面板和多层板。

单面板使用单层覆铜板，一般将有铜箔的一面称为"底层"，导电图形就在该层设计、加工。没有铜箔的一层主要用来放置无导电作用的丝印图形，一般称为"顶层"。单面板只能实现单面的电气布线，因此设计出的PCB布通率较低，适用于元器件密度较小、电气连接关系简单的电路。

双面板使用双层覆铜板，上下两面均可用于制作导电图形。双面板通过沉铜工艺，生成金属化的过孔，使两层导电图形能够有选择地形成导电通道。在双面板中，将大多数元器件主体所在的铜箔面称为"顶层"，将直插式元器件焊点所在的铜箔面称为"底层"。由于顶层和底层均可设计电气布线，PCB的布通率较高，布线速度也远远快于单层板。

多层板由较薄的单、双面板黏合而成，包括三层或更多层数的铜箔面。除了包含顶层、底层两个信号层外，还增加了内部电源层、接地层，以及中间信号层。在电子产品集成度不断提高、所使用的大规模集成芯片引脚越来越多和越来越细密的情况下，采用多层 PCB 可以提高电气布通率。常用的多层板有 4 层、6 层、8 层,复杂的多层板多达十几层。

(2)按基材的硬度性能分类,可分为刚性板、挠性板和刚挠结合板。

刚性板由不易弯曲、具有一定强韧度的刚性基材制成,如图 3-2-1(a)所示。刚性板具有抗弯能力,可以为附着其上的电子元件提供一定的固定支撑。

挠性板由柔性基材制成,具有配线密度高、重量轻、厚度薄、灵活度高的特点。可以自由折叠、弯曲、卷绕,也可以利用三维空间做成立体排列,如图 3-2-1(b)所示。随着电子设备逐渐向小型化、轻量化、高密度装配发展,挠性板在电子计算机、自动化仪表和通信设备中的应用日益广泛。

刚挠结合板则是在一块 PCB 板上包含一个或多个刚性区和挠性区,由薄层状的刚性板和挠性板层压在一起组成,如图 3-2-1(c)所示。刚挠结合板兼具刚性板的支撑作用和挠性板的弯曲特性,且能满足三维组装的需求。

(a) 刚性板 　　　　　　　(b) 挠性板 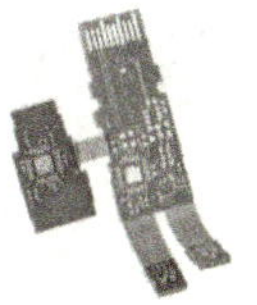　　　　　　　(c) 刚挠结合板

图 3-2-1　常用 PCB 基材分类

印制电路板从单面、刚性到多层、挠性,不断缩小体积、降低成本、提高性能,向高精度、高密度和高可靠性方向发展,在电子设备的发展过程中,始终保持着强大的生命力。

2. 印制电路板的结构

印制电路板主要由覆铜板、阻焊层、焊盘、过孔、导线等组成。

(1)覆铜板。覆铜板是在一定的压力条件下,将很薄的铜箔平整地粘贴在一定厚度的绝缘基板表面而制成的特殊板材,是制造 PCB 的基础材料。覆铜板主要提供导电、绝缘和支撑三个方面的功能,在很大程度上影响着整个印制电路板的性能、质量和制造成本。铜箔覆盖在基板一面的称为单层覆铜板,铜箔覆盖在基板上下两面的称为双层覆铜板。

(2)阻焊层。阻焊层是指印制电路板上涂有阻焊油墨的部分。阻焊油墨通常有绿色、蓝色等,能起到防焊、护板和绝缘等作用。

(3)焊盘。PCB 板上的引线孔及其周围的铜箔称为焊盘。元器件引脚通过引线孔,经焊锡焊接固定在焊盘上,再通过印制导线将焊盘连接起来,就可实现元器件在电路中的电气连接。根据工艺不同,焊盘一般分为非过孔焊盘和过孔焊盘。

(4)过孔。过孔用来实现双面板或多层板相邻层之间的电气连接,是多层板的重要组成部分之一。从工艺流程进行分类,过孔一般分为:通孔(从顶层贯通到底层)、盲孔(从顶层贯通到内层或从内层贯通到底层)、埋孔(内层间)三类。

(5)导线。导线也称铜膜走线,用于连接各个焊盘和过孔。其质量主要体现在宽度和导线间距两个方面。导线宽度涉及导线设计宽度、允许偏差、最小线宽等参数指标;导线间

距主要由电气安全要求、生产工艺精度、导线间所承受的电荷大小所决定。

3.印制电路板的互连

通常，印制电路板只是电子电气设备整机的一个组成部分。印制电路板之间、印制板与其他零部件（如板外元器件、设备面板等）之间还需要进行电气连接，这称为印制电路板的互连。常用的互连方法包括焊接连接、接插件连接等。

（1）焊接连接。

①导线焊接：用导线将 PCB 上的对外连接点与板外的元器件或其他部件直接焊牢。一般应将焊接导线的焊盘尽可能引到印制板边缘，按照统一尺寸排列，并采用穿过穿线孔等方式，避免焊盘直接受力（见图 3-2-2）。焊接连接具有简单、可靠、廉价等优点，不足之处是更换、维修不便，批量生产工艺性差等，一般适用于自制工装、电路实验、样机试制等对外引线较少的情况。

(a) 线端固定   (b) 屏蔽导线外层浮接

图 3-2-2　常用的导线焊接连接方法

②排线焊接：两块印制板之间采用连接排线。这种连接方法，既可靠又不易出现连接错误，且两板的相对位置不受限制。

（2）接插件连接。

①标准插针连接：通过标准插针，连接两块平行或垂直的印制板。一般用于小型仪器中。

②插座连接：在 PCB 边缘做出印制插头，插头部分按照插座的尺寸、接点数、接点距离、定位孔的位置等进行设计，再与插座匹配连接。这种方式装配简单，互换性、维修性能好，适用于标准化大批量生产。

常用的 PCB 接插件外形如图 3-2-3 所示。

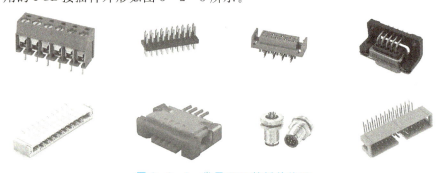

图 3-2-3　常用 PCB 接插件外形

3.2.2　印制电路板制造工艺

印制电路板的制造工艺涉及流程、工序繁多,生产成本、加工周期、性能标准等差异较大,需要根据实际条件进行合理选择。

1. 印制电路板制造工艺流程

PCB 制造工艺流程主要有"减成法"和"加成法"。

(1)减成法。

减成法是指先在基板上覆满铜箔,再通过光化学法、网印图形转移或电镀图形抗蚀层,然后蚀刻掉非图形部分的铜箔或采用机械方式除去不需要部分,进而获得导电图形的方法。

图 3-2-4 是采用减成法制作双面 PCB 的工艺流程。在实际生产过程中,往往包含几十个工序。

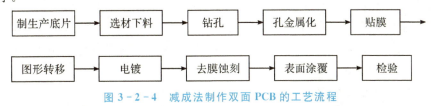

图 3-2-4　减成法制作双面 PCB 的工艺流程

减成法工艺成熟,稳定可靠,是目前 PCB 主要制作方法。但近年来环保和成本等因素的影响越来越引起重视,比如污染排放和原材料损失等问题。

(2)加成法。

加成法是指在绝缘基板上,有选择性地沉积导电金属而形成所需的印制电路图形的方法。加成法工艺可以一定程度上避免污染排放和原材料损失问题,简化生产工序,提高生产效率、产品精度和可靠性,但对基材、化学沉铜工艺、加工设备等均有特殊要求,目前多用于精细线路载板的制造中。

2. 常用 PCB 快速制板工艺

(1)手绘制板工艺。

在计算机辅助 PCB 设计方法还未得到广泛应用时,手绘是用来制作 PCB 的主要工艺。设计人员首先在绘图纸上将元器件封装及电气连接关系设计完成,再用复写纸将电气图形刻印到敷铜板的铜箔面,然后用鸭嘴笔蘸取油墨、油漆等化工材料,涂覆在需要保留的电气图形上,再利用化学蚀刻液去除多余的铜箔,即可完成 PCB 的制作。

(2)紫外曝光制板工艺。

利用强紫外线照射感光胶膜的表面,经紫外线照射的胶膜将被显影剂溶解。如果将黑色不透光的电气图形遮挡在感光胶膜表面,那么紫外线未照射的胶膜将保持原态继续覆盖在铜箔面,不溶于显影剂。在随后的蚀刻工序中,经显影剂去除的胶膜下方的铜箔会被蚀刻消耗,直至露出绝缘基板;而在感光胶膜保护下的铜箔不会被蚀刻而保持原状,最终成为 PCB 的电气线条。

（3）热转印制板工艺。

将 PCB 板图用激光打印机打印在热转印纸表面，热转印纸表面的黑色碳粉在合适的温度与压力条件下熔化并转印到覆铜板的铜箔面，墨粉冷却后即可形成 PCB 电气图形。激光打印机墨粉是一种高分子树脂微粒，能够抵挡酸性溶液的蚀刻，有效保护墨粉下方的铜箔不被蚀刻。而没有墨粉覆盖的铜箔被蚀刻完成后，即可得到与设计结果一致的 PCB。热转印工艺操作简单、制板速度快、技术要求和设备成本都不高。

（4）丝网印刷制板工艺。

自动丝印机经过制作感光膜、曝光、显影、退膜等化学感光工艺处理后，将 PCB 板图中的电气图形印制到丝网表面，形成阻止油墨印料下渗的图形区域。操作人员用刮板将油墨印料经丝网漏印至覆铜板表面，最后经化学蚀刻工艺即可得到所需的电气图形。丝网印刷工艺的自动化程度及精度较高，但生产工时略长，对设备要求较高。

（5）机械雕刻制板工艺。

机械雕刻制板是采用物理雕刻的方法，铣削并除去覆铜板表面多余的铜箔，形成导电图形的 PCB 制板工艺。主流的雕刻制板工艺分为机械雕刻、激光雕刻与手工雕刻三种。一般不会用到化学药品，对环境的污染小，加工出的 PCB 导电图形精度较高，但加工速度较慢，生产设备及耗材成本偏高。

3. PCB 制造质量控制及检验

印制电路板制成后，必须通过必要的检验才能进入装配工序。尤其是批量生产中，对印制板进行检验是产品质量和后续工序顺利进展的重要保证。

（1）目视检验。

借助简单工具，如直尺、卡尺、放大镜等，对要求不高的印制板可以进行质量把关。主要检验内容包括：①外形尺寸与厚度是否在要求的范围内；②导电图形是否完整清晰，有无短路、断路、毛刺等；③表面有无凹痕、划伤、针孔等；④焊盘孔及其他孔的位置及孔径是否准确，有无漏打或打偏；⑤镀层是否平整光亮，无凸起或缺损；⑥涂层质量，包括阻焊剂是否均匀牢固、位置准确，助焊剂是否均匀；⑦板面是否平直，无明显翘曲；⑧字符标记是否清晰、干净，无渗透、划伤、断线等。

（2）连通性检验。

通常使用万用表对导电图形的连通性能进行检测，重点是双面板的金属化孔和多层板的连通性能。

（3）绝缘性能检验。

绝缘性能检验主要检测同一层的不同导线之间，或不同层导线之间的绝缘电阻，用以确认印制板的绝缘性能。

（4）可焊性检验。

可焊性检验主要检验焊料对导电图形的润湿性能。

（5）镀层附着力检验。

镀层附着力检验通常采用胶带检验法。将质量好的透明胶带粘到要测试的镀层上，按压均匀后，快速掀起胶带一端并扯下，若镀层无脱落则为合格。此外，还有铜箔抗剥强度、镀层成分、金属化孔抗拉强度等多项指标，可根据印制板的加工要求进行选择。

3.2.3 印制电路板设计基础

印制电路板设计也称印制电路板排版设计。根据电路复杂程度、产品用途和要求的不同,可采用不同的设计手段、设计过程和方法,但设计原则和基本思路是一致的。

1.PCB 设计任务与要求

PCB 设计的主要任务是将初步完成的原理性电路方案、电路图转变为电气连接关系准确、元器件封装规范的 PCB 板图,再交由后续制作加工。

PCB 设计并不是将所有元器件简单地堆砌到电路板表面,而是需要根据实际的电气连接关系,将元器件进行反复优化布局,尽可能地减小电路板尺寸,减少电气连线之间的交叉,缩短电气连线的实际长度,同时充分考虑信号间的互相干扰、电磁兼容、信噪比等因素。一般应满足以下基本设计要求:

(1)元器件布局紧凑、整齐、美观;

(2)元器件之间的电气连线中,飞线(短接线)数量较少;

(3)电气连线的形状短而直(迂回连线较少),连线交叉的数量较少;

(4)板载元器件与外部元器件、设备之间的连线不被遮挡;

(5)板载元器件的发热、电磁辐射对周围元器件的影响程度较低;

(6)PCB 面积合理、布局紧凑,对整机性能的不良影响趋于最小。

2.PCB 设计的一般原则与规范

(1)PCB 设计的一般原则。

准确性:准确实现电气原理图的连接关系,避免出现"短路"和"断路"等接线错误。

可靠性:PCB 连接正确并不代表一定具有良好的可靠性。一般来说,结构越简单、使用元器件越小、板子层数越少,可靠性越高。

合理性:PCB 设计合理程度会影响后续的制作、检测、装配、调试,以及整机装配和调试,直至使用维护等,合理地选择 PCB 板材、尺寸、工艺等,可提高可靠性、降低制造成本。

经济性:在 PCB 上装配元器件时,应根据产品要求、设计与生产费用综合考虑。在保证性能的前提下采用规则排列,不仅可使板面美观整齐,也便于装配、焊接、调试和维护。

(2)布线设计规范。

导线宽度:印制导线由铜箔构成,流过电流时会引起导线温升。一般情况下,导线宽度宜选择 0.3～2mm。此外,对于电源线及地线,在板面允许的条件下尽量宽一些;对于长导线,即使工作电流不大,也应适当加宽以减小导线压降对电路的影响。

导线间距:确定导线间距,应考虑导线之间的绝缘电阻、信号传输时的串扰,以及在最坏工作条件下对击穿电压的要求。一般情况下,导线越短,间距越大,则绝缘电阻按比例增加。

导线走向与形状:导线在拐弯时,拐角不得小于 90°。过小的内角在制板时难以腐蚀,过尖的外角的铜箔容易剥离。应采用平缓的拐弯过渡,即拐角的内角和外角都是圆弧。导线从相邻两个焊盘之间穿过时,应与两个焊盘保持最大且相等的间距。导线与焊盘连接处的过渡应圆滑,避免出现小尖角。

（3）焊盘和过孔设计规范。

焊盘设计规范：焊盘的大小要根据元器件的尺寸确定，焊盘的宽度应等于或略大于元器件的电极的宽度。布线较密的情况下，推荐采用椭圆形与长圆形连接盘。单面板焊盘直径或最小宽度为 1.6mm；双面板的弱电线路焊盘只需孔直径加 0.5mm 即可，焊盘过大容易引起虚焊。在两个互相连接的元器件之间，要避免采用单个的大焊盘。

过孔设计规范：焊盘的内孔一般不小于 0.6mm，因为小于 0.6mm 的孔开模冲孔时不易加工，通常情况下以金属引脚直径值加上 0.2mm 作为焊盘内孔直径。

（4）地线设计规范。

电路的接地点表示零参考电位（不一定是真正的大地），其他电位均相对于这一点而言。但在 PCB 实际工作中，由于地线存在阻抗，这个接地点并不能保证绝对零值，往往存在一个微小的非零电位。由于电路的放大作用，这个微小电位就可能对电路性能产生干扰和影响。造成干扰的原因主要是两个或两个以上回路共用一段地线。因此，在设计时应尽量避免出现这种情况。

（5）抑制热干扰设计规范。

温度升高造成的干扰，称为热干扰。在进行 PCB 设计时，应首先分析确定哪些是发热元件，哪些是温度敏感元件。然后采取合适的热干扰抑制方法。

对于发热元件应避免集中放置，同时合理设计散热方案（如靠近外壳或布置在通风良好的位置、使用散热器等）。对于温度敏感器件，不宜放置在热源附近或设备内上部区域，以免受电路长期工作引起温升的影响。

3. PCB 设计的一般流程

（1）设计准备。

设计准备阶段主要确认具体设计要求和参数，包括电路的工作原理和组成结构、各功能电路的相互关系和信号流向、印制板的工作环境和工作机制、主要电路参数（最高工作电压、最大电流、工作频率等）、主要元器件和部件的型号、外形尺寸、封装等参数。

（2）绘制印制板的外形结构草图。

外形结构草图包括对外连接图和外形尺寸图。对外连接图由整机结构和分板要求确定，一般包括电源线、地线、板外元器件的引线、板与板之间连接线等。绘制时应大致确定其位置和排列顺序。若采用接插件引出时，应明确接插件的位置和方向。

印制板外形尺寸受多种因素制约，一般在设计时已大致确定。从经济性和工艺性角度，优先考虑矩形。还需要考虑印制板的安装和固定问题，印制板与机壳或其他结构件连接的螺孔位置及孔径应明确标出。

（3）布局设计。

布局就是将元器件放在印制板布线区内。布局是否合理，不仅影响后续的布线工作，也会对整个电路板的性能产生重要影响。

布局要求：首先要保证电路功能和性能指标；在此基础上满足工艺性及检测、维修等方面要求，并适当兼顾美观性。元器件排列整齐、疏密得当。

布局原则：当印制板的对外连接确定后，相关电路应就近安放，避免走远路、绕弯子，尤

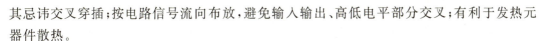

其忌讳交叉穿插；按电路信号流向布放，避免输入输出、高低电平部分交叉；有利于发热元器件散热。

布放顺序：先大后小，先放置占面积较大的元器件；先集成后分立；先主后次，多个功能电路集成时，先放置主电路。

布局方法：将元器件样品在1∶1的草图上排列，寻找最优布局；若实物摆放不方便或没有实物，可按样本或有关资料制作主要元器件的图样模板，用以代替实物进行布局。

（4）布线设计。

布线是指按照原理图要求，将元器件通过印制导线连接成电路。这是印制板设计中的关键步骤。具体设计时应做到：连接要正确；走线要简洁；粗细要适当。

（5）绘制制板底图及制板工艺图。

印制板设计定稿后，在投入生产前，需要将设计图转换成符合生产要求的1∶1原版底片（也称作原版胶片或制板底片）。获取原版底片的方式与设计手段有关。除光绘可直接获得原版底片外，采用其他方法时都需要照相制版。用于照相的底图称为制板底图（也称作黑白图或黑白底图），可通过手工绘图、贴图或计算机绘图等方法绘制。

（6）提交印制板加工技术要求。

设计者将图样交付工厂加工制作时，还需提供附加技术说明，一般通称技术要求。技术要求必须包括：外形尺寸及误差；板材、材厚；图样比例；孔径表及误差；镀层要求；涂层要求（阻焊层、助焊剂）等。

3.2.4　印制电路板的计算机辅助设计

20世纪80年代以前，PCB设计均为手工绘制。设计人员先借助于各种元器件模板，在坐标纸上画好草图，再利用复印工艺或照相技术将设计图拓印到覆铜板表面，然后对电气图形进行描漆、蚀刻，最后得到所需的PCB。手工设计方式流程复杂，工作周期长，参与人员多，设计质量不稳定，电路板表面积普遍比较大。

随着超大规模集成电路的应用和普及，PCB走线愈加精密和复杂，传统的手工设计模式已很难满足设计要求。人们意识到借助于计算机强大的数据存储和运算能力，可以进行高质量、高效率、可重复的PCB设计。于是，计算机辅助设计应运而生，相应的设计软件为PCB设计与生产开辟了新的途径。它可以使设计者按照自己的设想，完成电路布局、走线、检测、逻辑模拟等功能，将电路原理图转换为印制电路布线图；再通过绘图机将布线图直接绘制成供照相制版使用的黑白底图。此外，根据需要，还可以通过计算机编制数控钻床的打孔程序，继而完成电路板的制作全过程。

1. 计算机辅助设计的一般步骤

不同的设计软件，在使用方法和操作便捷性方面略有差异，但设计流程基本一致，主要包括以下步骤：

（1）向计算机输入电路原理图，计算机根据原理图生成电路的连接逻辑网络。

（2）在计算机上确定元器件的物理封装，即确定每个元器件在印制板上占用的体积大小和引脚焊盘的位置、大小与孔径。

（3）为电路原理图中每个元器件的逻辑符号指定它的物理封装。

（4）根据整机结构和元器件数量，确定印制板的尺寸和形状；同时，规定导线之间及线与焊盘之间的最小间距。

（5）把已生成的电路连接逻辑网络加载到印制电路板设计图上，包括元器件的封装及其逻辑网络。如果上述步骤都准确无误，这时每一个元器件的引脚都应该带有网络标号。

（6）根据板面的布局设计，摆放每一个元器件的位置。根据逻辑网络的提示，调整元器件的位置与方向，使网络提示代表的连接导线最短。

（7）多数设计软件都具有自动布线功能，可根据连接逻辑网络进行不交叉排线，其自动布线的布通率一般都能达到95％以上。但不经过人工干预就能达到线路完全布通的并不多，因此计算机自动布线的结果只能作为参考。

（8）审查走线的正确性和合理性，对不理想的布线进行修改。大多数设计软件都具有自动查错功能，能够根据印制板布局图生成印制导线的连接逻辑网络，再与由原理图生成的连接逻辑网络进行对比；然后根据设计者规定的布线规则，对布线的合理性进行检查和判断，并产生差错报告。

2. 常用软件 Altium Designer 简介

20世纪80年代后期，第一款电子线路辅助设计软件 TANGO 推出，开创了电子设计自动化（EDA）的先河。为了适应现代电子工业的飞速发展，EDA软件不断推陈出新。到20世纪90年代，Protel 软件在业界开始崭露头角。1999年，Protel99 SE 版本的推出，提高了设计流程自动化程度和多种设计工具的集成度，并引进了"设计浏览器"平台。该平台对设计工具、文档管理、器件库等进行了无缝集成，是建立集成化设计系统理念的起点。Altium Designer 正是在这个基础上发展演变而来的。

Altium Designer 是原 Protel 软件开发商 Altium 公司推出的一体化电子产品开发系统，在国内普及程度较高。它性能稳定、操作简单，将电子产品开发环境所需的工具全部整合在一个应用软件中，包括原理图和 HDL 设计输入、电路仿真、信号完整性分析、PCB 设计、基于 FPGA 的嵌入式系统设计和开发等。此外，还支持工作环境定制，以满足不同用户需求。

相较于 Protel，Altium Designer 增加的主要功能体现在：

（1）软件架构方面。Altium Designer 在传统的 PCB 设计基础上，新增 FPGA 及嵌入式智能设计模块。因此，Altium Designer 不仅支持硬件电路板设计，还能进行嵌入式软件设计，是一款功能完备的电子产品设计平台。

（2）软件兼容性方面。Altium Designer 提供了设计文档导入功能，通过 Import Wizard 导入向导，可以从其他 EDA 软件直接导入设计文档和库文件。

（3）辅助功能模块接口方面。Altium Designer 提供了与机械设计软件 ECAD 相连的接口，通过3D进行数据传输；提供了 CAM 功能，促进设计部门与制造部门良好沟通；提供了 DBLIB、SVNDBLIB 等功能，使采购部门可以与设计部门共享元件信息。此外，还提供了与公司 PDM 系统、ERP 系统的集成接口。

（4）项目管理方面。Altium Designer 采用项目式管理，使项目设计文档的复用性更强,降低文件损坏风险。还提供了版本控制、装配变量、设计输出等功能,使项目管理者可以轻松方便地对整个设计过程进行监控。

（5）设计功能方面。Altium Designer 在原理图、库、PCB、FPGA 以及嵌入式智能设计等各方面都增加了很多新功能。增强了对处理复杂板卡设计和高速数字信号的支持功能,以及对嵌入式软件和其他辅助功能模块的支持。

此外,Altium Designer 对于 Protel 99 SE 是向下兼容的。因此,早期的 Protel 99 SE 用户若要转向 Altium Designer 进行设计,需要将 Protel 99 SE 的设计文件以及库文件导入 Altium Designer 中。

3. 基于 Altium Designer 的 PCB 设计方法简介

使用 Altium Designer 进行 PCB 设计的主要环节包括：

（1）电路原理图设计。

电路原理图一般来源于电路仿真的结果,可能还需要将多个仿真文件中的电路图进行提取、汇总及合并。绘制电路原理图的基本操作流程包括：①加载原理图库文件;在原理图库文件中选择所需的库元器件;对于库文件中未包含的库元器件,需自行创建。②将选中的元器件放置在电路原理图的绘图工作区,并通过旋转、翻转、移动等方式,调整绘图工作区中元器件的位置状态。③设定、修改元器件参数、编号、封装等特性。④根据电气连接关系,将属于同一节点的元器件引脚末端连为一体。⑤向电路原理图添加电源并接地线网络。⑥检查无误后,保存电路原理图设计文件。

（2）PCB 版图设计。

电路原理图绘制完成后,下一步可将元器件的封装、电气连接关系映射到 PCB 中,形成由焊盘和铜箔线条组合而成的 PCB 板图方案。这个过程就需要在 PCB 设计界面中完成。基本操作包括：①PCB 设计规则的设置;②元器件的手工布局;③自动布线及手动调整;④质量检查及完善。

（3）编辑原理图元件。

编辑原理图元件一般有两种方式：①参考系统自带的原理图库文件中类似或接近的已有库元件,复制、粘贴到自建的原理图文件中,修改后得到自制的库元件;②若系统自带的原理图库文件中没有类似的元件,则需要根据该元件的参数信息自行创建。

（4）创建 PCB 元件封装。

元件封装是指元件外形和引脚分布的几何模型。新元件和非标准元件的 PCB 封装,需要设计者自行创建。创建的方法有两种：①向导法创建,适用于外形和引脚排列比较规范的元件。在创建之前,必须先获得对应元件的各种参数,主要包括引脚数目、引脚粗细、引脚间距、轮廓形状及大小等。②手工法创建,适用于制作任何引脚排列规则或不规则、引脚间距均等或不均等的元件封装。在放置完毕全部焊盘后,将第1号焊盘设置为参考点,再采用坐标定位的方法来确定其余每一个焊盘的相对位置。

3.2.5 印制电路板的元件装配

在印制电路板上进行元件装配工作的主要流程包括：印制板与元器件检查、元器件成形（使元件引脚和印制电路板上对应孔距匹配）、元件插装、焊接和成品调试等。

1. 印制板和元器件检查

装配前应对印制板和元器件进行检查，检查内容主要包括：①印制板的图形、孔位及孔径是否符合图样要求，有无断线、缺孔等；②表面处理是否合格，有无污染或变质；③元器件的品种、规格及外封装是否与图样吻合；④元器件引线有无氧化、锈蚀等。

2. 器件和导线的焊前加工

（1）去除元器件引脚和裸露导线表面的锈迹、油污、灰尘等杂质，可采用机械刮磨或酒精、丙酮擦洗等方法进行表面清理。注意操作过程中不要折断引线或导线，也不要刮掉原来的涂层。

（2）导线焊前要除去末端绝缘层。可用普通工具或专用工具，一般使用剥线钳。剥线时要注意，对单股线不应伤及导线，对多股线及屏蔽线应不断线，否则将影响接头质量。

（3）多股导线的端头处理。多股导线内部有多根细芯线，较容易折断。焊接前，应先用剥线钳剥离导线的绝缘层，然后将多股导线的线头进行捻头处理，即按照芯线原来的捻紧方向继续捻紧，使其成为一股。

（4）同轴电缆的端头处理。同轴电缆通常有四层结构。最外层是绝缘层，接着是金属网层（也叫屏蔽层），第三层是绝缘体，具有一定的厚度，用于隔离屏蔽层和最内层的金属导线，最后是防护层。处理方法是：①首先剥掉绝缘层，用镊子把金属网线根部扩成线孔，剥出一段绝缘体；②把根部的编织网线捻紧成一个引线状，剪掉多余部分；③切掉一部分内绝缘体，露出导线，注意在切除过程中不要伤到导线。

（5）预焊。预焊是将要锡焊的元器件引线或导线的焊接部位预先用焊锡润湿，一般也称为挂锡、镀锡、搪锡等。预焊并非不可缺少，但对手工焊接特别是维修、调试、研制等工作，是必不可少的。挂锡时，应边上锡边旋转，且旋转方向应与导线的拧合方向一致，如图3-2-5所示。注意不要让焊锡浸入导线的绝缘外皮，最好留出1～3mm没有镀锡的间隔。

图 3-2-5 挂锡操作示意图

3. 器件和引线的成形

大部分元器件需要在装插前弯曲成形。成形的具体要求取决于元器件本身的封装外形和其在印制板上的安装位置。例如，新的电阻器一般呈直线状，在装配时需要做引脚处理。大规模生产时，元器件成形多采用模具成形，手工成形时则多用尖嘴钳或镊子成形。需要注意的是：

（1）所有元器件的引线均不得从根部弯曲。这是制造工艺的原因，根部较易折断，应使引线弯曲处距离元器件本体至少1.5mm。

（2）所有弯曲处均不允许出现直角，应有一定的弧度，圆弧半径应大于引线直径的2倍，否则会使折弯处的导线截面变小，电气特性变差。正确的操作示例如图3-2-6所示。

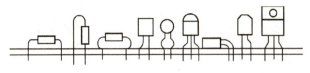

图3-2-6 常用元器件成形示例

4.元器件的插装

常用的插装方式包括贴板插装和悬空插装。贴板插装方法如图3-2-7(a)所示，优点是稳定性好，操作简单，但不利于散热，且对某些安装位置不适应。悬空插装如图3-2-7(b)所示，适应范围广，有利于散热，但插装较复杂，需控制一定高度以保持美观，悬空高度一般取2～6mm。

(a) 贴板插装　　　　　　(b) 悬空插装

图3-2-7 常用元器件贴板插装方法

插装时，应首先保证图样中的安装工艺要求，然后根据实际安装位置选择合适的插装方式。一般在无特殊要求时，只要位置允许，多采用贴板插装。插装时，应使元器件的字符标记朝上或朝着易于辨认的方向。注意不要用手直接触碰元器件引线和印制板上的铜箔。

5.元器件的焊接

焊接是电子产品制造中的重要环节。在导体的多种连接方法中（如焊接、铆接、绕接、压接等），使用最广泛的还是锡焊法。随着现代科技的飞速发展和电子产业的高速增长，焊接方法和设备不断更新，如浸焊、熔焊、波峰焊、回流焊等。其中，手工烙铁焊接仍有广泛的应用，它不仅是小批量生产研制和维修必不可少的连接方法，也是机械化、自动化生产获得应用和普及的基础。要使电气设备在预定的工作年限内有效地工作，并适合不同的工作环境、承受一定的压力，在组装焊接时就必须保证每个焊点的焊接质量。以下主要介绍手工锡焊。

（1）手工锡焊的正确操作姿势。

电烙铁的握法包括反握法、正握法、握笔法等，如图3-2-8所示。反握法动作稳定，长时间操作不易疲劳，适于大功率电烙铁的操作；正握法适于中等功率电烙铁或带弯头电烙铁的操作；在操作台上焊接时，一般多采用握笔法。且烙铁距离鼻子的距离应不小于30cm，通常以40cm为宜。

(a) 反握法　　　　(b) 正握法　　　　(c) 握笔法

图3-2-8 电烙铁的握法示意图

焊锡丝一般有两种拿法，如图 3-2-9 所示。由于焊丝成分中，铅占一定比例，所以操作时应戴手套或在操作后洗手，避免食入铅尘。

(a) 连续锡焊时焊锡丝的拿法　　　　　　　(b) 断续锡焊时焊锡丝的拿法

图 3-2-9　焊锡丝的拿法

使用电烙铁应配置烙铁架，烙铁架一般放置在工作台的右前方。电烙铁使用完后一定要稳妥放置在烙铁架上，并注意烙铁头不要触碰导线等物件。

由于焊接时烙铁头长期处于高温状态，又接触焊剂等受热分解的物质，其表面容易被氧化而形成一层黑色杂质。这些杂质几乎形成隔热层，使烙铁头失去加热作用。因此要随时在烙铁架上蹭去杂质。用一块湿布或湿海绵随时擦烙铁头，也是一种常用的方法。

（2）手工锡焊的基本步骤。

掌握好电烙铁的温度和焊接时间，恰当地选择烙铁头与焊点的接触位置，才能获得良好的焊点质量。正确的锡焊操作过程分为五个步骤（也称五步操作法），如图 3-2-10 所示。

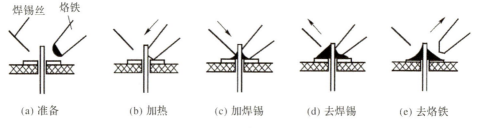

(a) 准备　　　(b) 加热　　　(c) 加焊锡　　　(d) 去焊锡　　　(e) 去烙铁

图 3-2-10　五步焊接法操作

第一步：准备施焊。准备好焊锡丝和烙铁。烙铁头部要保持干净，这样才能沾上焊锡（俗称吃锡）。

第二步：加热焊件。将烙铁头接触焊接点，首先保证接触到焊件各个部分，使印制板上的引线和焊盘都受热；其次要让烙铁头的扁平部分（较大部分）接触热容量较大的焊件，烙铁头的侧面或边缘部分接触热容量较小的焊件，以保证焊件均匀受热。

第三步：熔化焊料。当焊件被加热到能熔化焊料的温度后，将焊锡丝置于焊点，焊料开始熔化并润湿焊点。

第四步：移开焊锡。熔化一定量的焊锡后，将焊锡丝移开。

第五步：移开烙铁。当焊锡完全润湿焊点后，移开烙铁，移开烙铁的方向应是约 45°方向。

上述过程，对一般焊点而言二三秒钟。对于热容量较小的焊点，如印制电路板上的小焊盘，可以概括为三步法，即将上述第二、第三步合为一步，第四、第五步合为一步。实际上，三步法加以细微区分后还是五步，所以五步法具有普遍适用性，是掌握手工烙铁焊接的基本方法。尤其是各步骤之间停留的时间，对保证焊接质量至关重要，只有通过实践练习才能逐步掌握。

（3）手工锡焊的技术要点。

①焊锡量要适当。

焊锡过少不能形成牢固的结合，降低焊点强度，特别是在焊导线时，焊锡不足往往造成导线脱落。但焊锡过量不但造成浪费，也会增加焊接时间，降低工作效率。更为严重的是在高密度电路中，过量的锡容易造成不易觉察的短路。焊锡用量效果如图 3-2-11 所示，良好的焊点其吃锡量适当，外观剖面呈对称的"双曲线"。

(a) 焊锡过多　　　(b) 焊锡过少　　　(c) 焊锡量合适　　　(d) 良好的焊点外观剖面

图 3-2-11　焊锡用量效果

②掌握好加热时间。

一般情况下，在保证焊料润湿焊件的前提下，加热时间越短越好。

加热时应尽量使烙铁头同时接触印制板上的铜箔和元器件引线。对较大的焊盘，焊接时可将电烙铁绕焊盘转动，以免长时间停留导致局部过热。耐热性差的元器件还应使用工具辅助散热。对于双面或多层印制板的金属化孔，焊接时不仅要让焊料润湿焊盘，孔内也要润湿填充，如图 3-2-12 所示。一般金属化孔的加热时间应长于单面板。

图 3-1-12　金属化孔的焊接操作

③保持适中的焊接温度。

焊接过程中如果温度过低，则焊锡熔化缓慢、流动性差，在还没有湿润引线和焊盘时，焊锡就可能已经凝固，从而形成虚焊。这种情况下的焊点看上去没有光泽，表面粗糙。这时就需要提高烙铁头的温度。但如果温度过高，又会使焊锡快速扩散，导致焊锡中的焊剂没有足够的时间在被焊面上漫流而过早挥发失效。若焊剂分解过快，产生碳化颗粒，也会造成虚焊。此外，温度过高还可能导致焊盘脱落，因此应掌握合适的焊接温度。

一般情况下，选择内热式 20～35W 或调温式电烙铁，温度以不超过 300℃ 为宜。烙铁头形状应根据印制板焊盘大小采用凿形或锥形。目前印制板的发展趋势是小型化、密集化，因此一般常用小型圆锥烙铁头。

④不使用过量助焊剂。

助焊剂不是越多越好。过量的松香不仅增加焊后焊点周围清洗的工作量，还会因熔化和挥发带走热量而延长加热时间、降低工作效率；当加热时间不足时又容易夹杂到焊锡中形成"夹渣"缺陷。对开关元件的焊接来说，过量的焊剂还容易流到触点处，造成接触不良。

对使用松香芯的焊丝来说，基本不需要再用助焊剂。

⑤焊件要固定。

在焊锡凝固之前，不要移动或震动焊件，特别是用镊子夹住焊件时，一定要等焊锡凝固后再移去镊子。否则容易造成"冷焊"即焊点表面无光泽，呈豆渣状；焊点内部结构疏松，容易有气隙和裂缝，造成焊点强度降低、导电性能变差。因此，在焊锡凝固前一定要保持焊件静止。实际操作时可以用各种适宜的方法固定焊件，或采用可靠的夹持措施。

此外，烙铁头向焊点传递热量，主要靠增加接触面积，而不应对焊点施力，否则容易造成被焊件的损伤。例如，电位器、开关、接插件等的焊点大多固定在塑料件上，施力不当易造成元件失效。此外，也不要用烙铁头摩擦焊盘来增强焊料润湿性能，而要靠表面清理和预焊。

为提高焊接强度，引线穿过焊盘后可采用三种处理方式，如图 3-2-13 所示。其中图 3-2-13(a)为直插式，该方法拆焊方便，但机械强度较小；图 3-2-13(b)为约 45°弯曲，该方法具有一定的机械强度；图(c)为约 90°弯曲，这种方法具有很高的机械强度，但拆焊比较困难。若采用此种形式，引线应沿印制导线的方向弯曲。

(a) 不弯曲   (b) 弯曲45°   (c) 弯成90°

图 3-2-13 引线穿过焊盘后的三种处理方式

⑥烙铁撤离有讲究。

电烙铁要及时撤离，而且撤离时的角度和方向对焊点的形成也会产生一定的影响。图 3-2-14所示为不同撤离方向对焊料的影响。撤离烙铁时略微旋转，可使焊点保持适当的焊料。

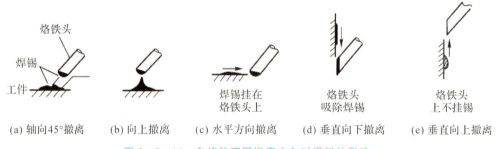

(a) 轴向45°撤离   (b) 向上撤离   (c) 水平方向撤离   (d) 垂直向下撤离   (e) 垂直向上撤离

图 3-2-14 电烙铁不同撤离方向对焊料的影响

⑦焊后处理。

焊接完成后，应剪去多余引线，注意不要对焊点施加剪切力以外的其他力。检查印制板上所有元器件的引线焊点，修补缺陷。根据工艺要求选择清洗液清洗印制板，一般情况下使用松香焊剂时不需清洗。

6.几种典型焊点的焊接方法

(1)导线的焊接方法。

①绕焊：把经过镀锡的导线端头在接线端子上缠绕 圈，用钳子拉紧缠牢后进行焊接，如图 3-2-15(b)所示。注意导线一定要紧贴端子表面，绝缘层不接触端子，一般 $L=1\sim$

3mm 为宜。这种连接可靠性最好。

②钩焊：将导线端子弯成钩形，钩在接线端子上并用钳子夹紧后施焊，如图 3-2-15(c)所示。端头处理与绕焊相同。这种方法强度低于绕焊，但操作简便。

③搭焊：把经过镀锡的导线搭到接线端子上施焊，如图 3-2-15(d)所示。这种连接最方便，但可靠性最差，仅用于临时连接或不便于缠、钩的情况以及某些接插件上。

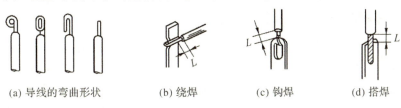

(a) 导线的弯曲形状　　(b) 绕焊　　(c) 钩焊　　(d) 搭焊

图 3-2-15　导线的常用焊接方法操作

④导线与导线的连接。导线之间的连接以绕焊为主，操作步骤如图 3-2-15 所示。首先去掉一定长度的绝缘皮，给端子上锡，并穿上合适的套管；然后绞合，施焊；再趁热套上套管，冷却后套管固定在接头处。

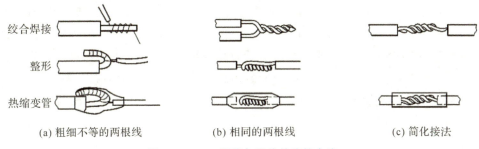

绞合焊接

整形

热缩变管

(a) 粗细不等的两根线　　(b) 相同的两根线　　(c) 简化接法

图 3-2-16　导线与导线的连接方法

(2)片状焊件的焊接方法。

片状焊件用途广泛，例如接线焊片、电位器接线片、耳机和电源插座等。这类焊件一般都有供缠线的焊孔。焊接方法如图 3-2-17 所示，先预焊，注意不要堵住焊孔；然后将导线穿过焊孔并弯曲成钩形，再进行焊接。注意不要采用将烙铁沾锡后，在焊件上堆出一个焊点的方法，这样很容易造成虚焊。

如果与焊片连接的是多股导线，则最好使用塑料套管。这样既能保护焊点不易与其他部位短路，又能保护多股导线不易断开。

套管　　　　　　　　　　　　　　　　　烙铁

(a) 焊件预焊　　(b) 导线钩接　　(c) 烙铁点焊　　(d) 热套绝缘

图 3-2-17　片状焊件的焊接方法

(3)槽形、柱形、板形焊件的焊接方法。

这类焊件一般没有焊孔，其连接方法可用绕、钩、搭焊。对于某些重要部位，例如电源线等处,应尽量采用缠线固定后焊接的办法,如图 3 - 2 - 18 所示。这类焊点,每个接点一般仅接一根导线,一般都应套上塑料套管。

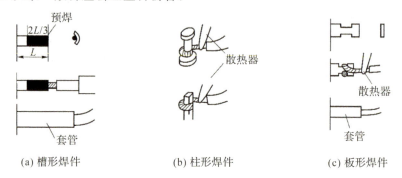

图 3 - 2 - 18　槽形、柱形、板形焊件的焊接方法

（4）拆焊。

调试和维修中常需要更换一些元器件,如果操作方法不当,会破坏印制电路板,也会使换下但并未失效的元器件无法再重新使用。

一般像电阻器、电容器、晶体管等引线数量较少,且每个引线可相对活动的元器件,可用电烙铁直接拆焊。方法是先把印制板竖起来夹住,一边用电烙铁加热待拆元器件的焊点,一边用镊子或尖嘴钳夹住元器件引线轻轻拉出。重新焊接时,须先用锥子将焊孔在加热并焊锡熔化的状态下扎通。需要指出的是,这种方法不宜在一个焊点上多次使用,以免印制导线和焊盘经反复加热后脱落,造成印制板损坏。在可能多次更换的情况下可用图3 - 2 - 19(a)中所示的方法。

图 3 - 2 - 19　常用的拆焊操作

当需要拆下有多个焊点且引线较硬的元器件时,例如图 3 - 2 - 18(b)所示的多线插座,一般采用以下三种方法:

①采用专用工具。采用如图 3 - 2 - 18(b)所示的专用烙铁头,一次可将所有焊点加热熔化,然后取出插座。这种方法速度快,但需要专用工具和较大功率的电烙铁。此外,在拆焊后,焊孔很容易堵死,重新焊接时还需清理。

②采用吸锡烙铁或吸锡器。这种工具既可以拆下元件,同时又不会堵塞焊孔,且不受元器件种类限制。但需要逐个焊点除锡,效率不高,而且要及时排除吸入的焊锡。

③采用吸锡材料。将吸锡材料浸上松香水贴到待拆焊点上,再用烙铁头加热吸锡材

料;吸锡材料将热传递到焊点并熔化焊锡;熔化的焊锡就会沿着吸锡材料上升,从而将焊点拆开。这种方法简便易行,且不易烫坏印制板。

7. 贴片元件的手工焊接方法

手工焊接贴片元件的一般过程为:施加焊膏→手工贴装→手工焊接→焊接检查等。在手工焊接静电敏感器件时,需要佩戴接地良好的防静电腕带,并在接地良好的防静电工作台上进行焊接。

(1)用电烙铁焊接。

对于引脚较少的贴片元件,可采用电烙铁直接焊接。焊接前,应先在焊盘上滴涂焊膏,将贴片元器件的焊端或引脚不小于 1/2 厚度浸入焊膏中。然后用电烙铁蘸少量焊锡和松香进行焊接。焊接过程如图 3-2-20(a)所示,矩形贴片焊点效果如图 3-2-20(b)所示,IC 贴片元件焊点效果如图 3-2-20(c)所示。

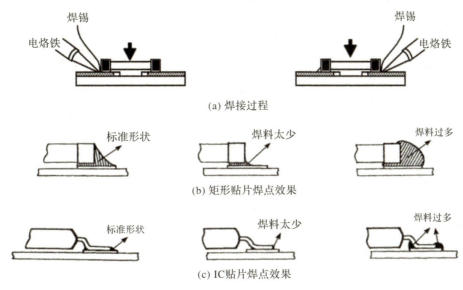

图 3-2-20　贴片元件的电烙铁焊接

(2)用热风枪焊接。

当贴片元件的引脚多而密时,用电烙铁直接焊接会比较困难,这时一般采用热风枪焊接。焊接的一般过程为:置锡→点胶→贴片→焊接→清洗→检查等。

置锡:将活性焊锡丝熔化成锡珠,然后用烙铁将锡珠布满焊盘。

点胶:用专用胶水将贴片元件粘在电路板上。

贴片:用镊子将贴片元件引脚与焊盘对准。

焊接:用热风枪对准元件引脚部位吹风,使焊盘上的焊锡熔化,焊接贴片元件的引脚。

清洗:焊接完成后,将残余的焊剂清洗干净。

热风枪焊接贴片元件的过程如图 3-2-21 所示。

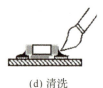

(a) 点胶　　(b) 贴片　　(c) 焊接　　(d) 清洗

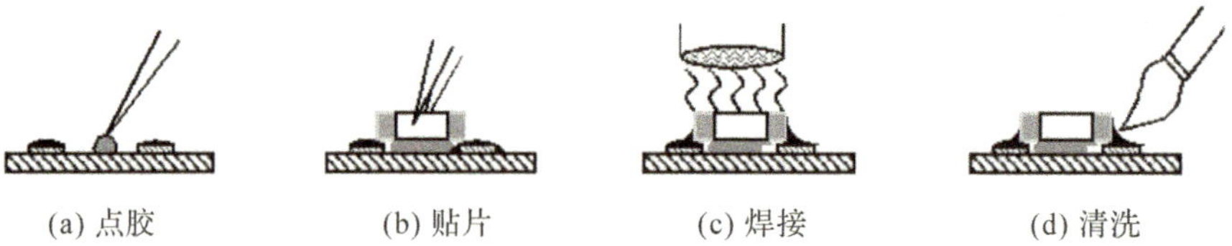

图 3-2-21　热风枪焊接贴片元件的过程

（3）贴片元件的手工拆焊。

手工拆焊贴片元件一般采用热风枪或电烙铁。

热风枪拆焊：用热风枪吹元件引脚上的焊锡，使其熔化，然后用镊子取下元件。

电烙铁拆焊：用电烙铁加热贴片元件焊锡，熔化后用吸锡器或吸锡带去掉焊锡，然后再用镊子取下元件。贴片元件的拆焊如图 3-2-22 所示。

贴片元件拆焊的专用工具有热风拆焊器、真空吸锡枪等。

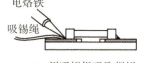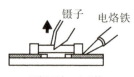

(a) 用吸锡器吸取焊锡　　(b) 用吸锡绳吸取焊锡　　(c) 用镊子卸下元件

图 3-1-22　贴片元件的拆焊

8. 焊接成品的质量检查

（1）焊接质量标准的体现。

焊接质量标准主要体现在以下三个方面：

①焊点必须具有可靠的电气连接和良好的导电性能。

电子产品的焊接与电路通断密切相关。一个焊点要能稳定、可靠地通过一定的电流，需要有足够的连接面积和稳定的导电材料。锡焊连接靠的不是压力，而是靠焊接过程中形成牢固连接的合金层，达到电气连接的目的。如果焊锡仅仅是堆在焊件表面，或只有少部分形成结合层，在最初的测试和工作中也许不会暴露问题，但随着条件变化和时间推移，电路就会产生时通时断或者完全不通的现象。这时仅靠观察外表是发现不了问题的。这也是电子产品使用过程中最让人头疼的问题，也是制造者必须加以重视的问题。

②焊点必须具有足够的机械强度。

焊接不仅能起到电气连接作用，同时也是固定元器件保证其机械连接的手段。常用铅锡焊料的抗拉强度只有普通钢材的 1/10，要想增加强度，就要有足够的连接面积。常见影响机械强度的缺陷有焊锡过少、焊点不饱满、焊接时焊料尚未凝固就使焊件移动而引起的焊点松散（呈豆腐渣状）、裂纹、夹渣等。

③良好的焊点具有光洁整齐的外观。

良好的焊点，要求焊料用量恰到好处，焊点外表有金属光泽，没有拉尖、桥接等现象，并且不伤及导线绝缘层及相邻元件。良好焊点外表的金属光泽是由合适的焊接温度生成的合金层标志，它是焊接质量的体现，而不仅仅是追求外表美观。

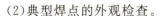

（2）典型焊点的外观检查。

通过目测（或借助于放大镜、显微镜观测）进行外观检查时，不仅要检查焊点是否符合标准，还应对整块印制电路板进行焊接质量检查，包括有否漏焊、焊料拉尖、焊料引起导线间短路（即"桥接"）、导线及元器件绝缘损伤、焊料飞溅等现象。

除目测外，还可借助指触、镊子拨动、拉线等方法，检查有无导线断线、焊盘剥离等现象。

如图 3 - 2 - 23 所示是两种典型焊点的外观，其共同的质量标准要求是：外形以焊接导线为中心，匀称，成裙形拉开。焊料的连接面呈半弓形凹面，焊料与焊件交界处平滑，接触角尽可能小。表面有光泽且平滑，无裂纹、针孔、夹渣。

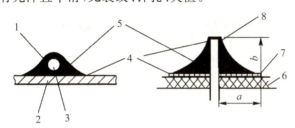

1-薄而均匀,可见导线轮廓　2-接线端　3-导线　4-平滑过渡　5-半弓形凹下　6-基板　7-铜箔　8-元器件引线

图 3 - 2 - 23　两种典型焊点的外观

（3）焊点的通电检查及试验。

①通电检查。

通电检查必须在外观检查及连线检查无误后方可进行，也是检验电路性能的关键步骤。如果不先经过严格的外观检查，进行通电检查时不仅困难较多，而且有可能损坏仪器、设备而造成事故。通电检查可以发现许多微小的缺陷，但不容易觉察内部虚焊的隐患。

②例行试验。

作为产品质量认证和评价方法，例行试验起到了不可取代的作用。模拟产品储运、工作环境加速恶化的方式，能暴露焊接缺陷。常用的试验方式包括：①温度试验。试验时的温度范围应大于实际工作环境温度，同时加上湿度条件。②振动试验。施加一定振幅、一定频率、一定时间的振动。③跌落试验。根据产品重量、体积的规定，从一定高度跌落。以上试验根据不同产品、不同级别都有相应的国家标准。

第4章 常用电工工具和电子仪器

4.1 常用电工工具及便携仪表

4.1.1 电工常用工具

电工常用工具是指一般专业电工经常使用的工具。撇开工具本身的质量因素,对电气操作人员来说,能否熟悉和掌握电工常用工具的结构、性能、使用方法和规范操作,将直接影响工作效率和电气工程的质量乃至人身安全。

1. 钢丝钳

钢丝钳又称克丝钳,别称老虎钳、平口钳、综合钳,是工艺、工业、生活中经常用到的一种工具,它可以用于掰弯及扭曲圆柱形金属零件及切断金属丝,常用的规格有 150m、175m、200m 三种。

如图 4-1-1(a)所示,电工钢丝钳由 1 钳头和 2 钳柄两部分组成。钳头包括 3 钳口、4 齿口、5 刀口和 6 铡口四部分。如图 4-1-1(b)~(e)所示,钳口可用来钳夹和弯绞导线;齿口可代替扳手拧小型螺母;刀口可用来剪切电线、掀拔铁钉;铡口可用来铡切钢丝等硬金属丝。

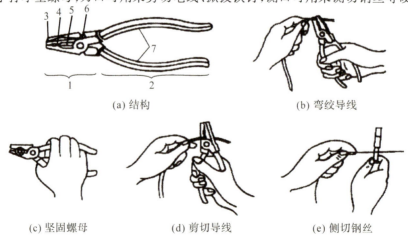

(a) 结构　　　　　　　　　　(b) 弯绞导线

(c) 坚固螺母　　　　(d) 剪切导线　　　　(e) 侧切钢丝

图 4-1-1 钢丝钳的构造和用途

钢丝钳柄部一般装有耐压 500V 以上的绝缘套管,如此可以带电剪切电线。使用中,切忌乱扔,以免损坏绝缘套管。

使用钢丝钳的注意事项:

(1)钢丝钳使用以前,必须检查其绝缘柄,确定绝缘状况完好;否则,不得带电操作,以免发生触电事故。

(2)用钢丝钳进行带电操作时,手离金属部分的距离应不小于 2cm,以确保人身安全。

(3)用钢丝钳剪切带电导线时,必须单根进行,不得用刀口同时剪切相线和零线或者两根相线,以免造成短路故障。

(4)使用钢丝钳时要使刀口朝向内侧,便于控制钳切部位。

(5)不能用钳头代替手锤作为敲打工具,以免变形。钳头的轴销应经常加机油润滑,保证其开闭灵活。

2. 尖嘴钳

尖嘴钳,又称修口钳、尖头钳、尖嘴钳,由尖头、刀口和钳柄组成,是电工常用的钳类工具,其外形如图 4-1-2 所示。尖嘴钳的头部尖细,适用于在狭小的空间操作。钳头用于夹持较小螺钉、垫圈、导线和把导线端头弯曲成所需形状,小刀口用于剪断细小的导线、金属丝等。尖嘴钳的常用规格按其全长分为 130m、160m、180m、200m 四种。

尖嘴钳手柄套有耐压 500V 的绝缘套管。

尖嘴钳在使用前必须进行检查,严禁使用腐蚀、变形、松动、有故障、破损等不合格工具。使用时,通常用右手操作。将钳口朝内侧,便于控制钳切部位,用小指伸在两钳柄中间来抵住钳柄,张开钳头,达到灵活分开钳柄的目的。型号较小或普通尖嘴钳,不可用于弯折强度大的棒料板材,以免损坏钳口。在剪断电线时,只能用手握钳柄,不能用其他方法加力。

使用尖嘴钳的注意事项:

(1)电工应选用带绝缘柄的尖嘴钳,塑料手柄破损后严禁带电操作。

(2)不得用尖嘴钳装卸螺母、夹持较粗的硬金属导线及其他硬物。

(3)尖嘴钳头部经过淬火处理,不允许在高温条件下使用。

(4)操作使用尖嘴钳时,一定要注意力度和方向的掌握,避免造成意外伤害。

(5)尖嘴钳不用时,要及时擦拭干净,涂油或用防腐法保存。停用一年以上的应涂润滑防锈油并装入袋或箱内储存。

图 4-1-2　尖嘴钳

图 4-1-3　斜口钳

3. 斜口钳

斜口钳,又称斜嘴钳、断线钳,如图 4-1-3 所示,主要用于剪切导线或元器件多余的引线,还常用来代替一般剪刀剪切绝缘套管、尼龙扎线卡等,其齿口也可用来紧固或拧松螺母,不过主要功能还是切断导线,通常适合切剪 2.5mm² 以下的导线。斜口钳的种类众多,规格主要有 4 寸、5 寸、6 寸、7 寸、8 寸等多种,在使用时应根据工况选择合适的规格。普通电工布线时选择 6 寸或 7 寸,切断能力较强,剪切不费力;线路板安装维修以 5 寸、6 寸为主,使用起来方便灵活,长时间使用不易疲劳;4 寸及以下的斜口钳适用范围较小,只能做一些细小工作。使用斜口钳要量力而行,不可用来剪切钢丝、钢丝绳和过粗的铜导线、铁丝等,以免造成钳子崩牙和损坏。

4. 螺丝刀

螺丝刀,京津冀鲁晋豫和陕西方言称为"改锥",安徽、湖北等地称为"起子",中西部地区称为"改刀",长三角地区称为"旋凿",是一种用来拧转螺丝以使其就位的常用工具,通常有一个薄楔形头,可插入螺丝钉头的槽缝或凹口内。

螺丝刀从其结构形状来说,通常分为以下几种。

(1)直形:这是最常见的一种,头部型号有一字、十字、米字、T 形(梅花形)、H 形(六角)。

(2)L 形:多见于六角螺丝刀,利用其较长的杆来增大力矩,从而更省力。

(3)T 形:汽修行业应用较多。

按头部形状的不同,常用螺丝刀的式样和规格有一字形和十字形两种,如图 4-1-4 所示。

(a) 一字形　　　　　　　　　　　　(b) 十字形

图 4-1-4　螺丝刀

一字形螺丝刀用来紧固或拆卸带一字槽的螺钉,其规格一般用刀杆头部宽度×刀杆长度表示,例如,3mm×75mm,对应刀杆头部宽度是 3mm,刀杆整体长度(柄部以外的体部长度)是 75mm。电工常用的一字形螺丝刀的刀杆长度有 50mm、150mm 两种。

十字形螺丝刀专供紧固和拆卸带十字槽的螺钉用,其长度和十字头大小有多种。电工常用的十字形螺丝刀规格主要包括 PH1,PH2 和 PH3。

(1)PH1 型号的十字形螺丝刀头尺寸为 3mm×75mm,适用于螺丝直径约为 2.0～2.5 mm 的电器设备上。常用于开关面板、调节旋钮等较小型号的螺丝拧紧。

(2)PH2 型号的十字形螺丝刀头尺寸为 5mm×100mm,适用于螺丝直径约为 3.5～4.5 mm 的电器设备上。常用于电路板、电路开关等中型号的螺丝拧紧。

(3)PH3 型号的十字形螺丝刀头尺寸为 6mm×150mm,适用于螺丝直径约为 5.0～6.0 mm 的电器设备上。常用于大型控制柜、大型电机等较大型号的螺丝拧紧。

另外,还有一种组合式螺丝刀,它配有多种规格的一字头和十字头,螺丝刀头可以方便更换,具有较强的灵活性,适合坚固和拆卸多种不同螺钉。

使用螺丝刀的注意事项:

（1）进行电气操作时，应首选绝缘手柄螺丝刀，且应检查其绝缘性能是否良好，以免造成触电事故。

（2）螺丝刀头部形状和尺寸应与螺钉尾槽的形状和大小相匹配。禁止用小螺丝刀去拧大螺钉，不然会拧豁螺钉尾槽或损坏螺丝刀头部，同样用大螺丝刀拧小螺钉时，也容易因力矩过大而导致小螺钉滑丝。

（3）应使螺丝刀头部顶紧螺钉槽口旋转，防止打滑而损坏槽口。

如图4-1-5所示为螺丝刀的两种握法。

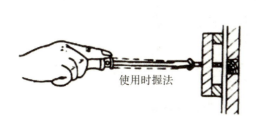

(a) 大螺丝刀的握法　　　　　(b) 小螺丝刀的握法

图4-1-5　螺丝刀的两种握法

5.电工刀

电工刀是一种切削工具，主要用于剖削导线绝缘层、削制木榫、竹榫、切断绳索等。电工刀有普通型和多用型两种，普通型配单一刀片，按刀片长度将其分为大号(112mm)、小号(88mm)两种规格。多用途电工刀除具有刀片外，还有折叠式的锯片、锥针和螺丝刀，可用以锯割电线槽板、胶水管、锥钻木螺钉的底孔，常见的多用电工刀刀片长度为100mm。

电工刀的刀口被磨制成单面呈圆弧状刃口，刀刃部分锋利一些。在剖削电线绝缘层时，可把刀略微向内倾斜，用刀刃的圆角抵住线芯，刀口向外推出。这样既不易削伤线芯，又防止操作者受伤。切忌把刀刃垂直对着导线切割绝缘层，以免削伤线芯。严禁在带电体上使用没有绝缘柄的电工刀进行操作。电工刀外形如图4-1-6所示。

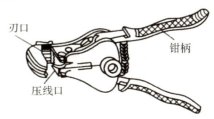

图4-1-6　电工刀　　　　　图4-1-7　剥线钳

6.剥线钳

剥线钳用来剥削直径3mm(截面积6mm^2)及以下绝缘导线的塑料或橡胶绝缘层，其外形如图4-1-7所示。它由刀口、压线口和钳柄组成。剥线钳钳口分为0.5～3mm的多个直径切口，用于不同规格线芯的剥削。使用时应使切口与被剥削导线的芯线直径相匹配，切口过大则难以剥离绝缘层，切口过小则会切断芯线。剥线钳的钳柄上套有额定工作电压

500V 的绝缘套管，剥线钳按全长，常用规格有 140mm、160mm、180mm。

7.电烙铁

电烙铁是电子制作和电器维修的必备工具，主要用于焊接元件及导线。

（1）电烙铁的分类。电烙铁按机械结构分，可分为内热式和外热式电烙铁；按功能分，可分为无吸锡和吸锡式电烙铁；按用途分，可分为大功率和小功率电烙铁。

①外热式电烙铁。

外热式电烙铁外形如图 4-1-8 所示。因烙铁头放在烙铁芯内，故称之为外热式电烙铁。烙铁头由紫铜做成，具有较好的传热性能。烙铁头的体积、形状、长短与工作所需的温度和工作环境等有关。常用的烙铁头有方形、圆锥形、椭圆形等。

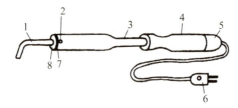

1-烙铁头　2-烙铁头固定螺钉　3-外壳　4-木柄　5-后盖　6-插头　7-接缝　8-烙铁芯

图 4-1-8　外热式电烙铁外形

烙铁头的温度可以通过烙铁头固定螺钉来调节。外热式电烙铁的规格有多种，常用的有 25W、45W、75W、100W 等，功率越大，烙铁头的温度也越高，但其热利用率相对内热式要低得多，如 40W 的外热式只相当于 20W 的内热式。

②内热式电烙铁。

内热式电烙铁由手柄、连接杆、弹簧夹、烙铁头、烙铁芯等组成，如图 4-1-9 所示。烙铁芯被烙铁头包起来故称为内热式。烙铁头的温度也可以通过移动铜头与烙铁芯的相对位置来调节。内热式电烙铁发热快、热效率高、重量轻，故目前用得较多。一般电子制作都用 35W 左右的内热式电烙铁。市场上常见的普通内热和无铅长寿命内热电烙铁，规格有 20W、25W、35W、50W 等，其中 35W、50W 是最常用的。

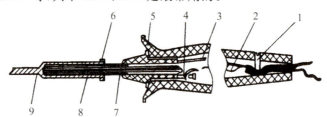

1-电线紧固螺钉　2-导线　3-绝缘套管　4-接线柱　5-胶木手柄
6-烙铁头弹簧夹　7-传热筒　8-烙铁芯　9-烙铁头

图 4-1-9　内热式电烙铁外形

③吸焊电烙铁。

吸焊电烙铁用于对焊点进行拆焊，主要由含电热丝的外壁、弹簧及柱状内芯组成。使用时，挤压内芯使弹簧变形，待焊点熔化后，按下卡内芯的按钮，弹簧迅速恢复形变，弹起内心，在吸锡口形成强劲气流，将熔化的焊料吸走，以便拆卸元件。

④气焊烙铁。

气焊烙铁采用液化气、甲烷等气体燃烧加热,适合在供电不便的场合使用。

还有一类电烙铁可以进行温度控制,分为恒温式、调温式和双温式三种。

⑤恒温式电烙铁。

恒温式电烙铁头内,装有带磁铁式的温度控制器,通过控制通电时间达到控制温度的目的。高档的恒温式电烙铁,附加的控制器带有烙铁头温度显示装置,最高显示温度400℃。在控制器上调节温度值,烙铁头会很快达到新的焊接恒温点。无绳式电烙铁是一种新型恒温式焊接工具,由无绳式电烙铁单元和红外线恒温焊台单元两部分组成,可实现220V电源电能转换为热能的无线传输。烙铁单元组件中有温度调节旋钮,可实现160~400℃连续可调,并有温度高低档格指示。另外,还设计了自动恒温电子电路,可根据用户设置自动恒温,误差3℃。

⑥调温式电烙铁。

调温式电烙铁附加有一个功率控制器,使用时可以改变供电的输入功率,温度调节范围为100~400℃。调温式电烙铁的最大功率是60W,配用的烙铁头为铜镀铁烙铁头(俗称长寿头)。

⑦双温式电烙铁。

双温式电烙铁为手枪式结构,在电烙铁手柄上附有一个功率转换开关,开关分两位:一位是20W;另一位是80W。只要转换开关就可改变电烙铁的发热量。

(2)电烙铁的选用。

在焊接时为了不产生虚焊、不伤及电路板和元器件,必须根据被焊接焊件的大小、位置、质地选择不同形状和不同功率的电烙铁,并采取不同的握法。

如果电烙铁功率过小,则焊料熔化过程慢,焊剂不易挥发,产生的焊点不光滑甚至出现虚焊。这时焊点呈馒头状,沾有较多锡,但焊接面比较小,焊件容易被拔脱落,这是不允许的。反之,如果电烙铁功率过大,烙铁头温度过高,一方面会使焊料在焊接面上流动太快难以控制,另一方面会导致焊接件过热而被损坏。

电烙铁的选用可参考以下几个原则:

①烙铁头顶端温度一般比焊料熔点高30~80℃。

②烙铁头形状要与被焊接物件和电路板装配密度相适应。通常,尖头适合小功率焊接,椭圆形焊头用于一般的焊接。

③根据不同焊件选择烙铁功率。一般情况下,集成电路适合采用20W以下的内热式电烙铁;焊接较粗电缆及同轴电缆时可选用50W以下内热式或45~75W外热式电烙铁;焊接金属底盘等较大元件时,应考虑采用100W以上的外热式电烙铁。

(3)电烙铁的使用

电烙铁的握法通常有三个,即反握、正握和握笔法,如图4-1-10所示。

(a) 反握法　　　　　　(b) 正握法　　　　　　(c) 握笔法

图 4 - 1 - 10　电烙铁的正确握法

反握法是用五指把电烙铁握在掌内，适合大功率又不需要仔细焊接的大型焊件。正握法与反握法相反，刚好把烙铁转个向，适合竖起来的电路板焊接，一般用于较大功率场合。握笔法适合于小功率电烙铁和小型焊件。

（4）使用电烙铁的注意事项。

①新买的电烙铁，或者使用时间较长、烙铁头出现凹坑等情况的电烙铁，需要用锉刀锉成所需形状，然后通电，使烙铁头的温度刚能熔锡时，涂上一层松香，然后涂一层锡，如此进行两三次，烙铁就可以使用了。现在有些高级的烙铁买来时就已经涂上了一层锡，那就不需要这个过程了，但一般这类烙铁的涂层在脱落后就无法继续使用。

②在焊接过程中发现温度略高或略低，可调节烙铁头的长度，外热式须松开紧固螺丝，内热式可直接调节。

③在用电烙铁焊接过程中，如较长时间不使用烙铁，最好把电源拔掉。否则会使得烙铁芯加速氧化而烧断，同时烙铁头上的焊锡也会因此过度氧化而使烙铁头无法"吃锡"。

④更换烙铁芯时，要注意电烙铁内部的三个接线柱，其中有一个是接地线的，该接线柱应与地线相连。

如果在使用时发现电烙铁不热，应先检查电源是否打开了。如是打开的，切断电源，拧开电烙铁先查看电源引线是否断了。然后用万用表检测电热丝是否烧断，如果测得的电阻值在合理范围内[1]，则表明电阻丝是好的。通常，如果其他都是正常的，那么电阻丝出问题的可能性较大。更换烙铁芯时，应先将固定烙铁芯的引线螺钉松开，卸下引线后，再把烙铁芯从连接杆中取出，然后把相同规格的烙铁芯装入。注意，在用引线螺丝固定好烙铁芯后，必须把多余的引线头剪掉，否则极易引起短路或使烙铁头带电，产生安全隐患。

8. 焊料和助焊剂

（1）焊料。焊料一般用熔点较低的金属或金属合金制成，焊锡就是焊料的一种。使用焊料的主要目的是把被焊物连接起来，对电路来说构成一个通路，所以焊料应满足以下要求：

① 焊料的熔点要低于被焊接物的熔点。

② 易于与被焊物连成一体，要具有一定的抗压能力。

---

[1]　烙铁芯的功率规格不同，其内阻也不同。25 W 烙铁的阻值约为 $2 k\Omega$，45 W 烙铁的阻值约为 $1 k\Omega$，75 W 烙铁的阻值约为 $0.6 k\Omega$，100 W 烙铁的阻值约为 $0.5 k\Omega$。

③ 导电性能要好。

④ 结晶的速度要快。

焊料有多种型号,根据熔点的不同,可分为硬焊料和软焊料;根据组成成分不同,可分为锡铅焊料、银焊料、铜焊料等。

(2)助焊剂。助焊剂是一种促进焊接的化学物质,通常是以松香为主要成分的混合物。助焊剂是保证焊接过程顺利进行的不可缺少的辅助材料,其性能优劣,直接影响电子产品的质量。

在焊接过程中,助焊剂起到以下几个作用:

①清除金属表面氧化膜和杂质。

被焊金属暴露在空气中,表面总是被氧化膜覆盖着,其厚度大约为 $2\times10^{-9}\sim2\times10^{-8}$ m。在焊接时,氧化膜必然会阻止焊料对被焊金属的润湿,焊接就不能正常进行,因此必须在母材表面涂敷助焊剂,使金属表面的氧化物还原,从而达到消除氧化膜的目的。

② 防止焊接过程中的氧化。

焊接过程中需要加热,高温时金属表面会加速氧化,因此液态助焊剂覆盖在金属和焊料的表面,可防止它们氧化,并在焊接结束后保护刚形成的温度较高的焊点,使其不被氧化。

③帮助液态焊料流动。

液态焊料表面具有一定的张力,由于液体的表面张力会立即聚结成圆珠状的水滴,就像雨水落在荷叶上。液态焊料的表面张力会阻止其在金属表面漫流,影响润湿的正常进行。焊料和助焊剂是相溶的,当助焊剂覆盖在液态焊料的表面时,可降低液态焊料的表面张力,加快液态焊料的流动速度,使润湿性能明显得到提高。

④加快热量从烙铁头向焊料和被焊物表面传送。

一般使用的助焊剂的熔点要比焊料低,所以在加热时会先熔化成液体以填充间隙并湿润焊点。在此过程中,一方面清除氧化物和杂质,另一方面传递热量。

助焊剂种类较多,通常可分为无机、有机和树脂三大系列。

①无机焊剂。主要由氯化锌、氯化铵等混合物组成,助焊效果较理想,但腐蚀性大。如对残留物清洗不干净,会破坏印制电路板的绝缘性。俗称焊油的多为这类焊剂。

②有机焊剂。多为有机酸卤化物的混合物,助焊性能较好,但具有有机物遇热分解的特性,有腐蚀性。

③树脂焊剂。通常从树木分泌物中提取,属于天然产物,没有腐蚀性。松香是这类焊剂的代表。常用的松香酒精焊剂是将松香溶解在无水酒精中制成,松香占 $23\%\sim30\%$。这类焊剂具有无腐蚀、绝缘性能好、稳定和耐湿等特点,易于清洗,并能形成焊点保护膜。

电子产品在组装与维修过程中,应根据不同场合,以及焊接工件的情况,选用合适的助焊剂。

①如果电子元件的引脚、电路板表面都比较干净,可使用纯松香焊剂,此类焊剂活性较弱。

②如果电子元件的引脚及焊件上有锈渍等,可用无机焊剂。但要注意,须在焊接完毕后清除残留物。

③焊接金、铜、铂等易焊金属时,可使用松香焊剂。

④焊接铅、黄铜、镀镍等焊接性能差的金属和合金时，可选用有机焊剂中的中性焊剂或酸性焊剂，但要注意及时清除残留物。

4.1.2 数字万用表

数字万用表又称复用表、万用计、多用计、多用电表，或三用电表，是一种可以测量多种电量的多功能、多量程的便携式电工仪表。它可以用来测量电阻、直流电压电流、交流电压电流和音频电平等电量。有些万用表还可用来测量电容、电感、功率、晶体管共射极直流放大系数 h_{FE} 等。由于万用表具有测量的种类多、量程范围宽、价格低以及使用和携带方便等优点，因此广泛应用于电气测试和维修中，是电工必备的一种常用电工仪表。

1. 数字万用表的结构

数字万用表的形式很多，但基本结构是类似的，主要由转换开关、测量线路、A/D 转换器、显示面板等组成。转换开关用来选择被测电量的种类和量程；测量线路将不同性质和大小的被测电量转换为标准的直流电压量；A/D 转换器将模拟电压量转换成数字量，由显示控制电路将数据显示在显示屏。图 4-1-11(a) 是 DLX890D＋数字万用表外形，从图 4-1-11(b) 所示的功能转换开关面板可见，该型号数字万用表可以测量交直流电压、电流、电阻、电容、频率等多种电量及参数。

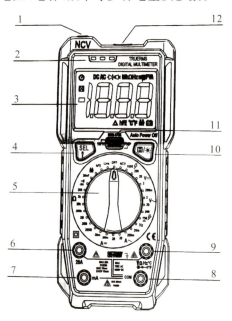

(a) 外形整体示意

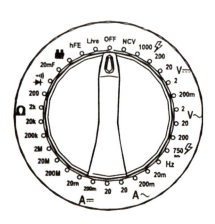

(b) 功能转换开关面板

1-非接触电压感应区　2-火线及蜂鸣器指示灯　3-液晶显示器　4-功能选择键
5-功能转换开关　6-20A 大电流输入插孔　7-mA 小电流输入插孔
8-COM 公共端输入插孔　9-电压、电阻、电容、频率、二极管、蜂鸣器、方波及火线测试输入插孔
10-读数保持及背光按键L　11-三极管测试座　12-手电筒

图 4-1-11　DLX890D＋数字万用表

2. 数字万用表的使用

（1）准备工作：

①熟悉转换开关、旋钮、插孔等的作用。

②检查红色和黑色两根表笔是否完好，且是否接入正确的位置，黑表笔插入"COM"插孔，红表笔根据测量需要插入相应的插孔中。插孔旁边都有测量量的标识符号，如 V、Ω、μA、┤├。万用表内干电池的负极与面板上的"COM"插孔相连，面板上"V/Ω"等插孔与干电池的正极相连。

③使用前先打开万用表电源，检查显示面板是否正常。如果面板无显示，或显示电量低，必须给万用表更换新电池。

④根据测量参数及其估计的大小范围，将万用表的功能转换开关打到相应的位置上，不同型号的万用表表示方法不尽相同，因此，应对照说明书，一一核对确认。

（2）测量电压或电流。

①注意事项。

测量电压、电流时，不得断开被测物的电源。测量大电流时要注意与导线的连接应用鱼嘴夹，而不用表笔，以防接触不良。

测量较高电压或大电流时，不能带电转动转换开关，避免转换开关的触点产生电弧而被损坏 。

②操作步骤。

测量直流电压：

Ⅰ．把转换开关拨到直流电压挡，并选择合适的量程。当被测电压数值范围不清楚时，可先选用较高的测量范围挡，再逐步选用低挡，测量的读数最好在满标值的 2/3 处附近。

Ⅱ．将万用表表笔触及被测物的两端，即并联在被测物上，具体就是将红表笔接到被测电压的正极，黑表笔接到被测电压的负极。

Ⅲ．根据数据显示稳定时的显示值，正确读数。

测量交流电压：

Ⅰ．把转换开关拨到交流电压挡，选择合适的量程。

Ⅱ．将万用表两根表笔并接在被测物的两端。

Ⅲ．根据显示数稳定时的显示值，正确读数。其读数为交流电压的有效值。

测量直流电流：

Ⅰ．把转换开关拨到直流电流挡，选择合适的量程。

Ⅱ．将被测电路断开，将万用表表笔触及被测电路断开点的两端，即串联于被测电路的回路中。

Ⅲ．根据显示数稳定时的显示值，正确读数。

（3）测量电阻。

①注意事项：

Ⅰ．应先确定被测物不带电，以避免损坏万用表。若被测物带电，先将被测物的电源断开，若是带电电容，需先将电容放电，然后再进行测量。

Ⅱ.对于有极性的元器件,如电解电容、晶体管等,测量这些元器件的电阻时,万用表的表笔应按测量要求与被测物的两端相连。例如测量电解电容器的漏电电阻,需将红表笔接电解电容的负极,黑表笔接电解电容的正极。

Ⅲ.在电路板上测量电阻、电容、二极管等两端元器件时,至少应将其在板上的焊点断开一点,否则,测量不准。测量晶体管时,至少应断开两个点。

②操作步骤:

Ⅰ.把转换开关拨到欧姆挡,合理选择量程。

Ⅱ.两表笔短接,进行电调零,即短接时若显示数据不为0,则记录该数据。

Ⅲ.将被测电阻脱离电源,用两表笔接触电阻两端,将显示的读数再减去表笔短接时显示的读数即为被测阻值。

(4)测量通断。

①把转换开关拨到通断蜂鸣挡。

②两点通断的测量与测量电阻的接线相同,确定电路的电源已断开后,用两表笔接触要测量的电路两端。

③显示的读数为被测阻值。若该阻值小于数字多用表的触发电阻值(通常为50),表发出蜂鸣,则无须查看表头读数,即可判断被测的两点之间为短路,操作更简洁。

(5)测量二极管。

①把转换开关拨到二极管挡 ⇥ 。

②红表笔接触二极管的正极,黑表笔接触二极管的负极。

③显示的读数为通过二极管正向直流电流约 1mA 时,二极管两端的电压,依据此读数可判断二极管的好坏。稳压二极管的好坏也可用该挡位进行测量判断。

(6)测量三极管放大倍数。

①把转换开关拨到三极管挡位 hFE 挡。

②将三极管插入对应的 hFE 插孔内测量,如图 4-1-12 所示,注意区分三极管是 NPN 型还是 PNP 型。

③显示的读数为三极管放大倍数。

图 4-1-12　测量三极管放大倍数的 hFE 插孔

(7)火线测试 Live。

①开关挡位置于 Live 量程位置,此时仪表显示"LIv"。

②红色表笔一端表笔插入 $\overset{V\Omega Hz}{\ast\ast}$ 插孔,另一端接在被测电路上。

③如果液晶显示器显示"LHv"且伴随有声光报警,则红表笔所接的被测线是火线。如果没有任何变化则红表笔所接的是零线。

④注意:本功能仅检测交流标准市电(AC 110V～380V)。

（8）非接触电压探测 NCV。

①功能量程开关置于 NCV 量程位置,此时仪表显示"EF"和"NCV"符号。

②用仪表 NCV 的感应部位去靠近市电相线或用电开关、插座。

③当检测到电压大于 110V（AC RMS)时,仪表显示"－",当感应到电压越高时,显示的"－"个数越多,伴随蜂鸣器报警声越密集。

④注意:即使没有指示,电压仍然可能存在。不要依靠非接触电压探测器来判断屏蔽线是否存在电压。探测操作可能会受到插座设计、绝缘厚度及类型不同等因素的影响。

（9）增强功能。

现代集成电路的发展使得数字万用表具有更多的功能。比如具有自动关机功能,能够测量温度、频率、占空比等。

（10）其他注意事项。

应随时观察万用表的电池使用情况,若显示面板上出现电量低报警信息,应立即更换电池,否则所测量的电压、电流数据将无法保证其准确性。长期不用时,应将电池取出保管,以免电池电量放完后,电液流出腐蚀电极或元器件。

测量时,不能用手触摸表笔的金属部分,以保证安全和测量的准确性。

由于数字万用表为有源仪表,测量完毕后,应及时关闭电源。

4.1.3　兆欧表

绝缘电阻表俗称摇表或兆欧表,是电工常用的一种测量仪表,主要用来检查电气设备、家用电器或电气线路对地及相间的绝缘电阻,以保证这些设备、电器和线路工作在正常状态,避免发生触电伤亡及设备损坏等事故。因为绝缘电阻的单位是 MΩ,因此通常称之为兆欧表或兆欧计。目前使用的绝缘电阻表有两类:一类是传统的手摇发电机式,另一类是半导体电子式。其原理如图 4-1-13 所示。

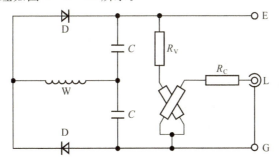

W -发电机绕组　E -接地　D -硅二极管　L -线路　C -瓷管电容器　G -保护环　R_v -限流电阻　R_c -限流电阻

图 4-1-13　绝缘电阻表电原理

（1）绝缘电阻表（兆欧表)的使用方法。

绝缘电阻表（俗称兆欧表、摇表)通常用来测量电气设备的绝缘电阻。

绝缘电阻表由手摇直流发电机和磁电式流比计组成,测量时将绝缘电阻表水平放稳,通过摇动手柄，让直流发电机产生直流电压，将该电压加在被测物上，测得的泄漏电流经流比计换算后将绝缘电阻值显示在表盘上。

使用绝缘电阻表测量时的接线如图 4-1-14 和图 4-1-15 所示。

① 绝缘电阻表的转速应由慢到快，转速避免时快时慢，当达到 120r/min 时则应保持稳定，转速稳定后，表盘上的指针方能稳定，表针的指数即为测得的绝缘电阻的阻值。

② 根据被测对象的额定电压，选择不同电压的绝缘电阻表，如表 4-1-1 所示。

表 4-1-1　绝缘电阻表的选择　　　　　　　　单位：V

电气设备或回路的电压等级	绝缘电阻表的电压等级
$U<100$	250
$100 \leqslant U<500$	500
$500 \leqslant U<3000$	1000
$3000 \leqslant U<10000$	2500
$10000 \leqslant U$	2500 或 5000

③ 测量时使用的绝缘导线应为单根多股软导线，测量线不得扭结或搭接，且应悬空放置，与端钮的连接应紧密可靠，与设备的连接一般应使用鱼嘴夹，以免引起测量误差。

④ 测量前应使设备或线路断开电源，回路有仪表时，要将仪表断开，然后进行放电。对于大型变压器、大型电机等大型电感、电容性设备及线路，在其测量完毕后也应放电。放电时间一般为 2~3min，对于高压设备及线路，放电时间应加长。

⑤ 使用绝缘电阻表前应对绝缘电阻表进行校验，当接线端为开路时，摇转绝缘电阻表，指针应在"∞"位，将 E 和 L 短接起来，缓慢摇动绝缘电阻表，指针应在"0"位。校验时，当指针指在"∞"或"0"位时，指针不应晃动。

⑥ 测量过程中，指针指向"0"位时说明被测绝缘已破坏，应停止摇动绝缘电阻表，以免由于短路而烧坏绝缘电阻表。测量过程中，当指针稳定在某一值时，即可在不大于 30s 的时间内读数，最长不得超过 1min。

⑦ 正在使用的设备通常应在刚停止运转时进行测量，以便使测量结果符合运行温度时的绝缘电阻。禁止在雷电时或在邻近有带高压导体的设备时进行测量。只有在设备不带电又不可能受其他电源感应而带电时才能进行测量。

⑧绝缘电阻表量程的选用。一般低压电器设备可选用 0~200MΩ 量程的表，高压电气设备或电缆、线路可选用 0~2000MΩ 量程的表。刻度从 1MΩ 或 2MΩ 起始的绝缘电阻表不宜测量低压电气设备的绝缘电阻。

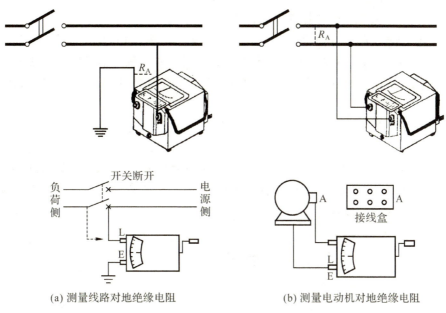

(a) 测量线路对地绝缘电阻　　　　　(b) 测量电动机对地绝缘电阻

图 4 - 1 - 14　绝缘电阻的测量

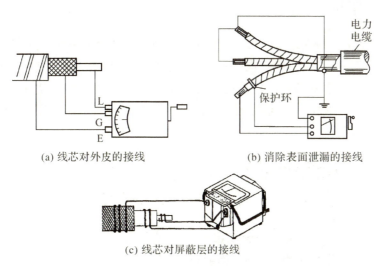

(a) 线芯对外皮的接线　　　(b) 消除表面泄漏的接线

(c) 线芯对屏蔽层的接线

图 4 - 1 - 15　用绝缘电阻表测量电缆绝缘电阻

（2）注意事项。

①　兆欧表在不使用时应放于固定的橱内，周围温度不宜太冷或太热，切忌放于污秽、潮湿的地面上，并避免置于含侵蚀作用的空气（如酸、碱等蒸气）附近，以免兆欧表内部线圈、导流片等零件发生受潮、生锈、腐蚀等现象。

②　应小心轻放，避免剧烈震动，以防轴尖、绝缘轴承受损影响指示。

③　接线柱与被测物间连接之导线不能用绞线，应分开单独连接，不致因绞线绝缘不良而影响读数。

④　在测量前后对被测试物一定要进行充分放电，以保证设备及人身安全。

⑤　禁止在雷电时或在邻近有高压导体的设备时用兆欧表进行测量；只有在设备不带

电又不可能受其他电源感应而带电时才能进行。

⑥转动摇手柄时应由慢渐快，如发现指针指零时不许继续用力摇动，以防线圈损坏。

上述数字万用表、兆欧表等电工携带式仪表应放在通风良好的室内货架或柜内保管，且周围的空气中应不含有腐蚀有害杂质；使用及保管都不能使其受到敲击或剧烈振动。长期不用的仪表应妥善保管，内部装有电池的应将电池取出。

仪表应定期保养及校验，以便及时发现问题及隐患，保证正常使用。保养时，应用柔软的棉布先将浮尘擦掉，然后蘸少许酒精再仔细擦洗，只将电池盒打开检查或擦洗，一般不得将表内打开。校验时，一般是用同类的仪表测量同一被测物，其结果应一致，否则说明误差较大的仪表已失灵或损坏，应进行检定或修理。保养和校验的周期一般为三个月，仪表使用频率很大后也应保养或校验。

4.2　常用电子仪器

4.2.1　直流电源

直流电源是能为负载提供稳定直流电压源和直流电流源的电子装置，也常称为直流稳压稳流电源。不同产品提供不同的直流电源设计方案，一般都拥有多路高精度独立可控输出，具有独立、串联、并联等多种输出模式，具有过压、过流、过温保护等特性，具备低纹波、低噪声、快速瞬态响应能力，支持各种协议，提供远程控制命令集和 LabVIEW 驱动等功能。

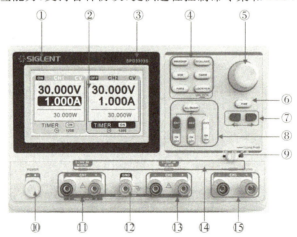

1-品牌 LOGO　2-显示界面　3-产品型号　4-系统参数配置按键　5-多功能旋钮
6-细调功能按钮　7-左右方向按键　8-通道控制按键　9-CH3 挡位拨码开关　10-电源开关
11-CH1 输出端　12-公共接地端　13-CH2 输出端　14-CV/CC 指示灯　15-CH3 输出端
图 4-2-1　SPD3303S 型稳压稳流直流电源面板

直流电源的指标包括通道数、最大输出电压、最大输出电流、总功率等。电源的输出电压与限流电流均连续可调。稳压与稳流会自动转换。电源一般具有三组独立输出：两组可调电压值和一组固定电压输出,同时具有输出短路和过载保护。虽然电源具有完善的限流保护措施,当输出端发生短路时,输出电流将被限制在最大限流点而不会再增加,但此时功率管上仍有很大功耗,故一旦发生短路或超负荷现象,应及时关掉电源并排除故障,使机器恢复正常工作。两路可调电源可进行串联或并联使用,并由一路主电源进行电压或电流跟踪。串联时最高输出电压可达两路电压额定值之和,并联时最大输出电流可达两路电流额定值之和。

下面结合 SPD3303S 型稳压稳流直流电源来说明直流电源的使用方法。SPD3303S 型稳压稳流直流电源的面板如图 4-2-1 所示。

1. 双路可调电源(CH1、CH2)独立使用

首先调节设置电源的输出参数。按下 8-通道控制按键中的 CH1 或 CH2,选择 CH1或 CH2,再通过 5-多功能旋钮、6-细调功能按钮、7-左右方向按键,设置电源的电压、电流,所设置的参数会在 2-显示界面中显示。设置好后,按下 8-通道控制按键中的 ON/OFF,即可开启或关闭当前通道输出。

2. 双路可调电源串、并联使用

按下 4-系统参数配置按键中的 SER ,将双路可调电源设置为 CH1/CH2 串联模式,界面同时显示串联标 　　　；按下 PARA ,将双路可调电源设置为 CH1/CH2 并联模式,界面同时显示并联标 　　　。

3. 固定电源(CH3)的使用

SPD3303S 型稳压稳流直流电源的固定电源 CH3 可选择电压值 2.5V、3.3V 和 5V,通过 9-CH3 档位拨码开关进行选择,按下 8-通道控制按键中对应的 ON/OFF,即可开启或关闭当前通道输出。

4.2.2　函数发生器

函数发生器也称为函数信号发生器、信号源,可以产生输出正弦波、方波、三角波、锯齿波,甚至任意波形的电压信号,是一种应用非常广泛的电子设备,可用于生产测试、仪器维修和实验室,还广泛使用在其他科技领域,如医学、教育、化学、通信等。函数发生器作为信号源,它的输出不允许短路。

函数发生器采用恒流充放电的原理来产生三角波,同时产生方波,改变充放电的电流值,就可得到不同的频率信号。当充电与放电的电流值不相等时,原先的三角波可变成各种斜率的锯齿波,同时方波就变成各种占空比的脉冲。另外,将三角波通过波形变换电路,就产生了正弦波。然后正弦波、三角波(锯齿波)、方波(脉冲波)经函数开关转换由功率放大器放大后输出。

下面结合 SDG2000X 型函数发生器来说明函数发生器的使用方法。SDG2000X 型函数发生器的前面板如图 4-2-2 所示。

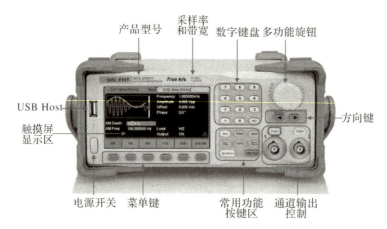

产品型号　采样率和带宽　数字键盘　多功能旋钮

USB Host

触摸屏显示区

方向键

电源开关　菜单键　常用功能按键区　通道输出控制

图 4 - 2 - 2　SDG2000X 型函数发生器前面板

常用功能按键区域中，Waveforms 用于选择基本波形。Utility 用于对辅助系统功能进行设置，包括频率计、输出设置、接口设置、系统设置、仪器自检和版本信息的读取等。Parameter 用于设置基本波形参数，方便用户直接进行参数设置。CH1/CH2 用于切换 CH1 或 CH2 为当前选中通道。开机时，仪器默认选中 CH1，用户界面中 CH1 对应的区域高亮显示，且通道状态栏边框显示为绿色；此时按下此键可选中 CH2，用户界面中 CH2 对应的区域高亮显示，且通道状态栏边框显示为黄色。

1. 触摸屏显示区

SDG2000X 型函数发生器整个屏幕都是触摸屏，可以使用手指或触控笔进行触控操作，大部分的显示和控制都可以通过触摸屏实现，效果等同于按键和旋钮。因界面上只能显示一个通道的参数和波形，需通过面板上常用功能按键区中的 CH1/CH2，选择好 CH1 或 CH2，然后进行相关波形设置，如图 4 - 2 - 3 所示。

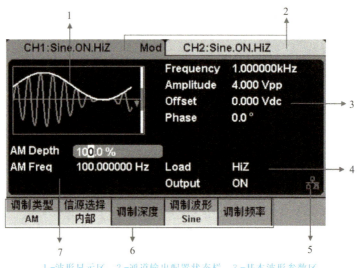

1-波形显示区　2-通道输出配置状态栏　3-基本波形参数区
4-通道参数区　5-网络状态提示符　6-菜单　7-调制参数区

图 4 - 2 - 3　触摸屏显示区

2. 波形选择设置

按面板上常用功能按键区中的 Waveforms,菜单区域会出现波形选择菜单,选项分别为正弦波、方波、三角波、脉冲波、高斯白噪声、DC 和任意波,如图 4-2-4 所示。按下图 4-2-2 所示菜单键中相应的按键进行波形选择。

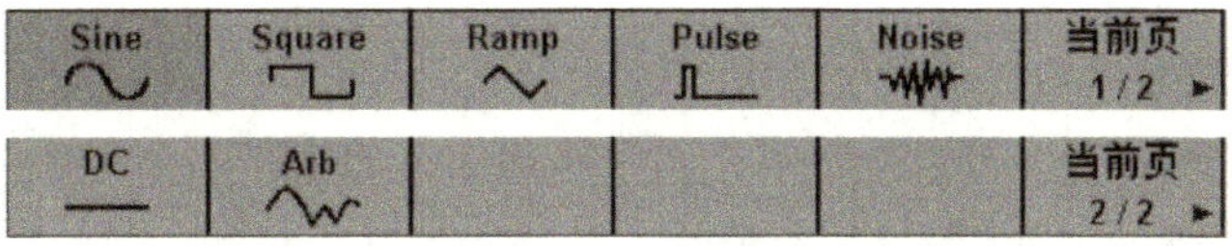

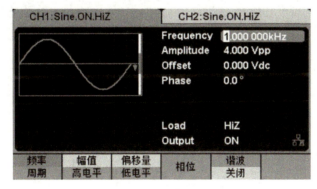

图 4-2-4　波形选择菜单

下面以常用的正弦波为例,说明波形设置的操作。

按一下 Waveforms,通道输出配置状态栏显示"Sine"字样。通过数字键盘,多功能旋钮,方向键,菜单键,结合显示屏的触摸操作,可设置频率/周期、幅值/高电平、偏移量/低电平、相位,可以得到 $1\mu Hz$ 到 100MHz 不同参数的正弦波。如图 4-2-5 所示为正弦波的设置界面。其他常用的方波、三角波的设置与此类同。设置好参数后,按下面板上通道输出控制区域对应的 OUTPUT 按键,即可输出信号。

图 4-2-5　正弦波的设置界面

4.2.3　示波器

示波器是一种用途很广的电子测量仪器,主要用于观察电气信号的波形,能对电信号的多种参数进行测量。

示波器以图形方式显示电气信号,通常为电压(垂直轴或 Y 轴)与时间(水平轴或 X 轴)的关系图,如图 4-2-6 所示。在某些应用程序中,可能使用其他的垂直轴(如电流)和其他的水平轴(如频率或其他电压)。示波器的显示屏上标识有刻度,刻度沿着水平轴和垂直轴均分为格。这些格可便于确定波形的主要参数。

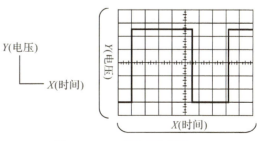

图 4-2-6　典型示波器显示

示波器也用于测量电气信号对物理刺激的响应，如声音、机械应力、压力、光或热。例如，电视技术人员可以使用示波器测量来自电视机电路板的信号，而医疗研究员可以使用示波器测量脑电波。

示波器常用于以下测量：

- 观察信号的波形
- 测量信号的幅度
- 测量信号的频率
- 测量两个事件间的时间段
- 观察信号是直流(DC)还是交流(AC)
- 观察信号中的噪声

示波器可分为模拟示波器和数字示波器两大类。模拟示波器通过直接测量信号电压，并通过示波器屏幕上的电子束在垂直方向描绘电压，示波器屏幕通常是阴极射线管(CRT)。

数字示波器通过模数转换器(ADC)把被测电压转换为数字信息，对波形的一系列样值进行捕获、存储，随后重构波形。数字示波器一般支持多级菜单，给用户提供多种选择、多种分析功能，通过提供存储功能实现对波形的保存和处理。

典型数字示波器的工作原理如图4-2-7所示，首先调节模拟垂直放大器中的输入信号，对模拟输入信号进行取样，用模数转换器(ADC 或 A/D)将样本转换为数字表示，将取样数字数据存储在存储器中，然后重建波形，在显示器上显示出来。

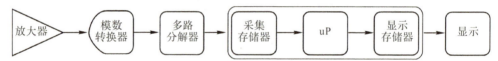

图4-2-7 典型数字示波器的工作原理

下面结合SDS1202X-E(2通道)型示波器来说明示波器的使用方法。SDS1202X-E(2通道)型示波器的面板如图4-2-8所示。

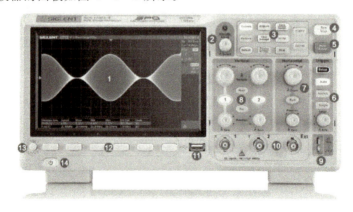

1-屏幕显示区 2-多功能旋钮 3-常用功能区 4-停止/运行 5-自动设置 6-触发系统
7-水平控制系统 8-垂直通道控制区 9-补偿信号输出端/接地端 10-模拟通道和外触发输入端
11-USB Host 端口 12-菜单软键 13-Menu on/off 软键 14-电源软开关

图4-2-8 SDS1202X-E (2通道)型示波器的面板

1. 初始设置和屏幕说明

以下步骤将说明如何使用示波器自带的1kHz,3V峰峰值的方波自动创建稳定的示波器显示。

(1)通过按下仪器的电源按钮,打开示波器。

(2)按下前面板上的默认设置Default按钮,将示波器恢复为默认设置。

(3)将一个无源探头连接到通道1输入端。连接时使用BNC连接器探头,按下并旋转探头连接器,直到它在示波器通道输入端上滑动,然后顺时针旋转探头锁环以将探头连接器锁定到位。

(4)将探头的鳄鱼夹接地引线与示波器探头补偿信号输出端下面的"接地端"相连,参考图4-2-9。

→ 补偿信号输出端

→ 接地端

图4-2-9 示波器自带的1kHz,3V峰峰值的方波信号

(5)将探头的输入端连接示波器补偿信号输出端。

(6)按下前面板上的自动设置Auto Setup按钮,以促使示波器自动设置垂直、水平和触发系统,以稳定显示1kHz的探头补偿方波。

(7)观察示波器显示屏上的波形,正常情况下应显示如图4-2-10所示波形。

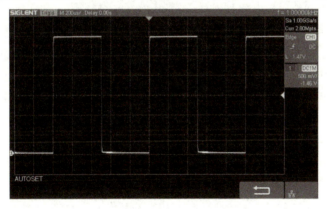

图4-2-10 示波器自动设置下显示的波形

需要记住的要点:

(1)要使示波器返回已知状态,可按下默认设置Default按钮。

(2)自动设置Auto Setup按钮调节垂直、水平和触发系统的设置,以在靠近屏幕中央显示三个或四个波形周期以及触发信息。

2. 仪器控件

典型示波器的控件可以分为三个主要类别:垂直、水平和触发(见图4-2-11)。这是用于设置示波器的三项主要功能。

下面的提示可以帮助用户更容易地使用示波器控件:

确定任务与示波器垂直轴（通常是电压）、水平轴（通常是时间）、触发或某些其他功能有关。这将便于找到正确的控件或菜单。

按下前面板上的按钮，通常会在显示屏幕的下方显示一级菜单。

菜单项目从左到右按逻辑优先顺序排列。如果按照该顺序选择，设置应该会很顺利地完成。

如果多功能旋钮旁的 LED 亮起，则表示多功能旋钮可用于更改突出显示的菜单选项。

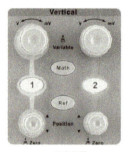

(a) 垂直控件　　　　(b) 水平控件　　　(c) 触发控件

图 4 - 2 - 11　示波器控件

（1）垂直控件。

每个输入通道都有一组垂直控件。这些控件用于调整、定位和修改相应通道的输入信号，以便于在示波器显示屏幕上适当地显示该信号。除了每个通道的专用垂直控件，还有其他一些按钮，可访问数学（Math）菜单、参考（Reference）菜单。

以下步骤将详细说明垂直轴位置和刻度前面板控件的使用。

①旋转通道 1 的垂直位置（Position）旋钮，以调整波形在显示屏中的上下位置，并注意显示在屏幕左侧的波形 0 电平标识也会移动。

垂直位置控件会上下移动波形。它通常用于将波形与刻度上的垂直格对齐，仅改变图形显示的垂直位置，并不影响采集的波形数据。

②旋转通道 1 的垂直刻度（Scale）旋钮，会改变该通道波形的垂直刻度。

垂直刻度（V/格）控件用于调节显示屏幕上的波形高度。通常，垂直刻度控件用于更改输入放大器和（或）衰减器的设置，并不影响采集的波形数据。由于垂直刻度控件可控制进入 ADC 的信号幅度，当信号在垂直方向上几乎完全填充屏幕但并未超出屏幕时，将会获得最高分辨率的测量。

需要记住的要点：

①垂直位置旋钮控制波形在垂直轴上的位置。

②垂直刻度旋钮调整控制垂直方向上一格的电压值。

（2）水平控件。

水平控件用于调整并定位示波器显示屏幕的时间轴。水平刻度控件用于设置显示屏的水平刻度（时间/格），水平位置（Position）控件用于设置所显示的信号的水平位置。通过 Roll 控件进入滚动模式。滚动模式的时基范围为 50ms/div～100s/div。

以下步骤将详细说明水平轴位置和刻度前面板控件的使用。水平刻度控件（也称为时

间/格或秒/格)用于调节屏幕上所显示的时间量。

①按下前面板上的自动设置(AutoSet)按钮,以将示波器恢复到已知起点,设置合适的垂直刻度,使波形上下高度不超出显示屏,不小于屏幕高度的一半。

②旋转垂直位置(Position)旋钮,将波形置于屏幕上的中心位置。

③旋转水平刻度(Scale)旋钮,使得显示屏上有 2～3 个周期的波形,水平刻度值显示在显示屏的左上角,如图 4-2-10 所示的水平刻度值为 $200\mu s$/格。由于水平方向有 14 格,如果刻度值为 $200\mu s$/格,将产生 $2800\mu s$ 的时间窗口。

由于水平方向有 14 格,如果刻度值为 $200\mu s$/格,将产生 2800 的时间窗口。此设置将显示方波上升边沿的实际形状。

水平位置控件可在显示屏幕上左右移动波形及其水平参考或触发点(通过显示屏顶部的三角形图标指示)。这用于将所显示的波形与显示刻度上的水平格对齐。按下该按钮可将触发位移恢复为 0。需要记住的要点:

①水平刻度控件设置示波器屏幕上所显示的时间窗口。由于水平方向上有 14 格,时间窗口等于:水平刻度值×14 格。

②使用水平位置旋钮,可以将所显示的波形与显示刻度上的水平格对齐,也可以查看所显示的波形的不同部分。

(3)触发控件。

触发,是指按照需求设置一定的触发条件,当波形流中的某一个波形满足这一条件时,示波器即时捕获该波形和其相邻部分,并显示在屏幕上。只有稳定的触发才有稳定的显示。触发电路保证每次时基扫描或采集都从输入信号上与用户定义的触发条件开始,即每一次扫描和采集同步,捕获的波形相重叠,从而显示稳定的波形。对于重复信号,必须进行触发来获得稳定的显示。

触发电平 Level 控件用于设置触发电平,触发功能菜单提供了不同的触发类型,并且允许设置触发条件。

以下步骤将详细说明前面板触发电平控件的使用。

①按 Auto 键切换触发模式为 AUTO(自动)模式。在自动触发方式中,如果指定时间内未找到满足触发条件的波形,示波器将进行强制采集一帧波形数据,在示波器上稳定显示。按 Normal 键切换触发模式为 Normal(正常)模式。在正常触发方式中,只有在找到指定的触发条件后才会进行触发和采集,并将波形稳定地显示在屏幕上。否则,示波器将不会触发。按 Single 键切换触发模式为 Single(单次)模式。在单次触发方式中,当输入的单次信号满足触发条件时,示波器即进行捕获并将波形稳定显示在屏幕上。此后,即使再有满足条件的信号,示波器也不予理会。需要进行再次捕获须重新进行单次设置。

②对示波器进行设置,使其产生图 4-2-10 所示的显示。

在默认触发设置中,示波器将寻找通道输入信号的上升边沿。触发电平(Level)控件用于设置示波器触发时的电压。所显示波形的上升边沿将与触发点对齐,触发点由显示屏幕顶部的向下箭头图标指示。在显示屏幕右侧的箭头显示触发电压电平。

③旋转触发电平(Trigger Level)旋钮,设置触发电平。顺时针转动旋钮增大触发电平,逆时针转动减小触发电平。修改过程中,触发电平线上下移动,同时屏幕右上方的触发

电平值也相应变化。按下该按钮(Set To 50%)可快速将触发电平恢复至对应通道波形中心位置。当触发电平(由屏幕右侧箭头指示)超过波形的顶端,产生未触发显示。

需要记住的要点:

①触发定义何时采集信号并将其存储在存储器中。

②要正确触发示波器,触发电平必须在信号范围之内。

③对于重复信号,必须进行触发来获得稳定的显示。

(4)触发功能菜单。

触发功能菜单(Trigger Menu)允许用户指定用于捕获波形的触发事件。可用的触发类型包括边沿、斜率、脉宽、视频、窗口、间隔、超时、欠幅、码型和串行总线(I2C/SPI/URAT/CAN/LIN)等。

①按下触发控件区域的 Setup 按钮。

②在示波器显示屏下方显示相应的菜单,按动对应菜单的菜单软键或旋转多功能旋钮进行选择。

③在"信源"菜单中,选择所需的触发信源。应选择稳定的触发源以保证波形能稳定触发。例如,示波器当前显示的是 CH2 波形,而触发信源却选择 CH1,导致波形不能稳定显示。因此,在实际选择触发信源时,应谨慎细心以保证信号能稳定触发。

④在"耦合"菜单中,旋转多功能旋钮选择所需的耦合方式,并按下旋钮以选中该耦合方式。或连续按对应的菜单软键进行切换选择所需的耦合方式。

触发耦合方式有以下四种:

• 直流耦合(DC):允许直流(DC)和交流信号(AC)进入触发路径。

• 交流耦合(AC):阻挡信号的直流成分并衰减低于 8Hz 的信号。当信号具有较大的直流偏移时,使用交流耦合可获得稳定的边沿触发。

• 低频抑制(LFR):阻挡信号的直流成分并抑制低于 2MHz 的低频成分。低频抑制从触发波形中移除任何不必要的低频分量。例如,可干扰正确触发的电源线频率等。当波形中具有低频噪声时,使用低频抑制可获得稳定的边沿触发。

• 高频抑制(HFR):抑制信号中高于 1.2MHz 的高频成分。

⑤ 在"类型"菜单中,旋转多功能旋钮选择所需的触发类型,并按下旋钮以选中该触发类型。或连续按对应的菜单软键进行切换并选择所需的触发类型。触发类型有边沿触发、斜率触发、脉宽触发、视频触发、窗口触发、间隔触发等。

边沿触发类型通过查找波形上的指定沿(上升沿、下降沿、交替沿)和电压电平来识别触发。可以在此菜单中设置触发源和斜率。默认使用上升沿触发。

触发类型、触发源、触发耦合及触发电平值信息显示在屏幕右上角的状态栏中。

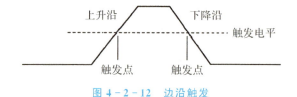

图 4-2-12　边沿触发

需要记住的要点：

①按下触发电平旋钮，强制将触发电平设为所加信号的 50% 点。

②触发菜单允许指定用于捕获波形的触发事件。

③使用触发源选项，选择触发事件要监视的输入通道。

④使用触发斜率控件，指定触发使用的边沿（上升边沿或下降边沿）。

⑤脉冲宽度触发可隔离信号中的脉冲。

3. 示波器测量

数字示波器可以对电气信号进行多种测量，例如，峰-峰值和 RMS 均方根值测量，以及频率、周期和脉冲宽度定时测量。示波器提供了多种进行此类测量的方法。下面将说明三个最常用的测量方法：手动测量、光标测量、自动测量。

手动测量根据显示屏幕上的刻度以及垂直和水平刻度设置进行测量。典型刻度在垂直方向上有 8 格，水平方向上有 10 格。要获得最高的精度，首先调整并定位波形，以在垂直方向和水平方向上填充显示屏幕，然后以刻度格为单位直观地测量参数。然后用刻度系数乘以格数，以获得最终的测量值。

光标测量的步骤是手动将一对光标与波形上的点对齐，然后根据显示屏幕上的光标读数读取测量值。示波器包含的光标有：X_1、X_2、$X_2 - X_1$、Y_1、Y_2、$Y_2 - Y_1$。表示所选源波形上的 X 轴值（时间）和 Y 轴值（电压），可使用光标在示波器信号上进行自定义电压测量、时间测量以及相位测量。

自动测量使用存储于示波器固件内的算法。这些算法可识别相关的波形特征、执行测量、调整测量，应用相关的单位并将结果显示在示波器上。

（1）手动测量

手动测量根据显示屏幕上的刻度以及垂直和水平刻度设置进行测量。

典型刻度在垂直方向上有 8 格，水平方向上有 10 格。要获得最高的精度，首先调整并定位波形，以在垂直方向和水平方向上填充显示屏幕。

以示波器自带的 1 kHz，3 V 峰峰值的方波波形峰峰值测量为例。具体操作时，先将示波器复位到已知起点，并使用前面板控件创建如图 4 - 2 - 10 所示的显示。确定波形上顶端与下顶端之间所占据的垂直格数，然后用垂直刻度值乘以格数，以获得最终的测量值。

（2）光标测量

光标测量使用示波器的光标（Cursor）进行测量。

光标测量的步骤是：手动将一对光标与波形上的点对齐，然后根据显示屏幕上的光标读数读取测量值。示波器包含的光标有：X1、X2、X2－X1、Y1、Y2、Y2－Y1，表示所选源波形上的 X 轴值（时间）和 Y 轴值（电压），可使用光标对示波器上的信号进行自定义电压测量、时间测量以及相位测量。

为获得更高的测量精度，示波器提供了如下一系列步骤中使用的光标。

① 按下前面板上的光标（Cursor）按钮，以显示光标菜单。

② 按下"光标模式"对应的菜单软键选择手动或追踪模式。

③ 选择信源。按下"信源"软键，然后旋转多功能旋钮选择所需信源。可选择的信源

包括模拟通道(CH1或CH2)、MATH波形以及当前存储的参考波形。信源必须为开启状态才能被选择。

④ 设置"X参考"和"Y参考"，即垂直(或水平)挡位变化时，光标Y(或X)的值的变化策略。"位置"表示光标按屏幕上固定网格的位置保持不变(即保持绝对位置不变)。"偏移"或"延时"表示光标保持输入的值不变(即保持相对位置不变)。

⑤选择光标进行测量。若要测量水平时间值，可使用多功能旋钮将 X_1 和 X_2 调至所需位置。必要时可选择" $X_2 - X_1$ "同时移动两垂直光标。

若要测量垂直伏值(或安培)，可使用多功能旋钮将 Y_1 和 Y_2 调至所需位置。必要时可选择" $Y_2 - Y_1$ "同时移动两水平光标。

（3）自动测量

自动测量使用存储于示波器固件内的算法。这些算法可识别相关的波形特征、执行测量、调整测量，可应用相关的单位并将结果显示在示波器上。

具体操作时，使用 Measure 测量可对波形进行自动测量。自动测量包括电压参数测量、时间参数测量和延迟参数测量。

电压和时间参数测量显示在 Measure 菜单下的"类型"子菜单中，可选择任意电压或时间参数或延迟测量参数进行测量，且在屏幕底部最多可同时显示最后设置的4个测量参数值。具体能测量的参数，如图4-2-13所示。

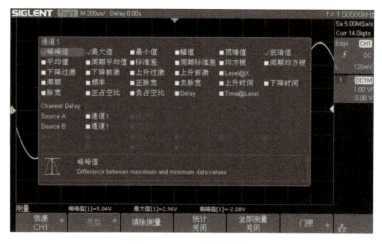

图4-2-13 测量类型

需要记住的要点：

（1）可以用光标进行手动测量，或使用基于固件的算法进行自动测量，以处理存储于示波器存储器中的波形数据。

（2）手动测量的精度最低，光标测量通常比手动测量更精确，而自动测量是所有方法中最精确的方法。

（3）与自动测量有关的所有信号元素必须显示在示波器屏幕上。

第二篇

实　验

实验一 安全用电和交流低压配电电路的安装

一、实验目的

1. 三相四线制交流电源的认识。
2. 学习安全用电知识、了解漏电保护原理和接地接零常识。
3. 熟悉电工常用工具和便携仪表的使用方法。
4. 学习低压交流配电电路组件的合理安装和正确连接。
5. 常用电气元器件的认识和使用。
6. 单相照明电路及双控开关的安装和连接。

二、内容概述

(一)低压配电系统

低压配电电压在中国一般是指三相 380V 和三相四线制 380/220V 的交流电压。设计低压配电系统的原则是变电所要深入负荷中心，以最短的距离分配低压电能，达到降低损耗、提高电压质量、节约投资、减少维修工作量等目的。低压配电系统一般由电源(配电变压器二次侧)、低压配电装置、低压线路等组成。

根据国家颁发的标准低压配电设计规范，要求配电线路必须装设短路保护、过负载保护和接地故障保护，作用于切断供电电源或发出报警信号。

如图 1-1 所示为电气控制柜的正面图以及内部电气设备安装和接线的示意图，而图 1-2 则给出了一个单相配电电路的实例。通过三相四线插头将电源(由室内配电箱接至墙面插座)引入柜体，经过空气开关再接到端子排，由于这是一个单相的照明电路，所以只要引出其中的一根相线和一根零线即可，经跳入式接法将相线和零线接入单相电度表进行计量，出来后依次串接漏电保护器和熔断器，最后通过端子排与安装在柜门上的指示灯和开关串联，从而构成一个简单的照明电路。

图 1 - 1　电气控制柜

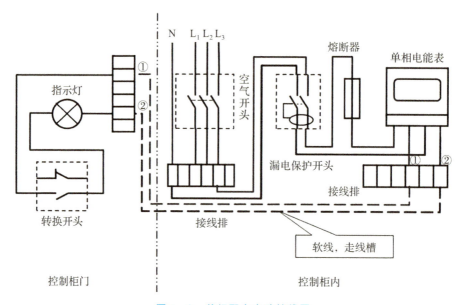

图 1 - 2　单相配电电路接线图

（二）电度表

单相电度表是用于测量单相交流电用户的电量，即测量电能的仪表。电能表可分为机械式和电子式两种，本实验中使用的是机械式单相电度表。

1. 机械式单相电度表的结构和工作原理

（1）机械式单相电度表的结构如图 1 - 3 所示。它主要由四部分组成：①驱动元件，包括电流元件和电压元件；②转动元件，即转盘；③制动元件，即制动磁铁；④计数器。

（2）电度表的工作原理。

电度表接入交流电源，并接通负载后，电压线圈接在交流电源两端，而电流线圈又流入交流电流，这两个线圈产生的交变磁场穿过转盘，在转盘上产生涡流，涡流和交变磁场作用产生转矩,进而驱使转盘转动。转盘转动后在制动磁铁的磁场作用下也产生涡流,该涡流与磁场作用产生与转盘转向相反的制动力矩,使转盘的转速与负载的功率大小成正比。转速用计数器显示出来,计数器累计的数字即为用户消耗的电能,并已转换为度数(kW·h)。

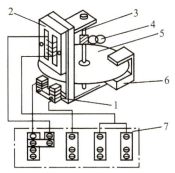

1-电流线圈电磁铁　2-电压线圈电磁铁　3-铝盘轴　4-计数机构　5-铝盘　6-制动磁铁　7-接线端

图 1-3　外热式电烙铁外形

2. 单相电度表的接线

如图 1-4 所示,单相电度表共有 4 个接线柱,从左到右按 1、2、3、4 编号。具体的接线可分为跳入式接线和顺入式接线两种。一般单相电度表的 1、3 接线柱接电源进线(1 为相线进,3 为中性线进),2、4 接线柱接电源出线(2 为相线出,4 为中性线出)。如图 1-5 所示这种接线为跳入式接线方法。但也有的单相电能表的接线按 1、2 接线柱为电源进线(1 为相线进,2 为中性线进),3、4 接线柱接电源出线(4 为相线出,3 为中性线出),即称为顺入式接线方法。所以,具体采用何种接法,应参照电度表接线盖子上的接线图,绝对不能接错。

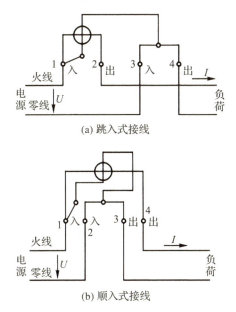

图 1-4　单相电度表的接线

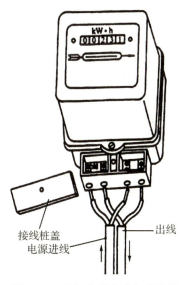

图 1-5　单相电度表跳入式接线

（三）单相电路中负载的单联双控连接

单联双控电路可以实现不同地点分别控制同一用电器的工作状态。

图1-6所示电路为照明灯单联双控电路。它可以实现不同地点分别控制同一照明灯。

在电路中，K_1、K_2是处于不同地点的两个单联双控开关。当需要点亮或关闭电路中的照明灯时，只需拨动当地一方的开关即可。

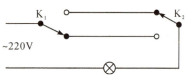

图1-6　照明灯单联双控电路

三、实验设备和器材

万用表、兆欧表、试电笔、电工工具盒、电阻器、控制柜（内装空气开关、单相电度表、漏电保护开关、单联开关、双控开关、熔断器、端子排、指示灯等）、导线若干。

四、实验内容

1. 熟悉常用电工工具和便携仪表的使用。用电笔验电；用万用表测试交流电压、负载电阻阻值；用绝缘电阻测试仪（兆欧表）测试接线端子与机壳的绝缘电阻。

2. 了解漏电保护开关的工作原理和具体接线。

3. 画出单相配电电路接线图（参照图1-2），并按图在开关柜中完成各电器的安装连接。要求：电度表、漏电保护器、熔断器（保险丝）、控制开关、指示灯等电器布局合理、连接准确，接线敷设平直；接线端排列合理，导线绑扎美观正确。

4. 用指示灯作负载，观测单相配电系统的工作情况。

5. 用一电阻与电灯串联作负载，把负载接在火线与地线间，此时流过负载的电流为电击电流，以此来模拟人体触电，观察漏电保护器是否可以实现跳闸保护。

6. 按图1-6连接电路，观察单联双控电路的工作情况。

五、思考题

1. 什么叫中线、火线、地线、零线？
2. 如何判别三相四线制电源中的相线和中线？
3. 中线上不允许装有开关，也不允许安装熔断器，这是为什么？
4. 为什么电气设备必须要有接地保护或者接零保护措施？
5. 如何用双控开关代替图1-6中的单刀双投开关？

实验二　三相四线制交流电源的使用及三相异步电动机基本控制电路的安装

一、实验目的

1. 学习按钮、接触器、热继电器、行程开关等常用电气控制器件的基本结构、工作原理及接线方法。

2. 学习三相电路负荷的分配、安装和连接（照明灯电路或三相异步电动机）。

3. 学习常用电动机的起动方法及控制电路的连接。

4. 学习三相异步电动机的基本控制和保护过程。

5. 学习并掌握基本继电接触控制电路的工作原理、接线及操作方法。

二、内容概述

（一）三相负载分配

根据三相电路的分析，我们知道当三相四线制电路中的负载分配平衡时，各相的负载阻抗相同，称为对称三相负载，如图 2-1 所示。如果忽略连线上的电压降，则负载上的线电压和相电压之间的关系就是电源线电压和相电压之间的关系，即 $U_L = \sqrt{3} U_P$。这样各相负载的相电流就等于对应的线电流，各相相电流大小相等，相位依次相差 120°。在其中线（俗称零线）上的电流为零。在这样的三相电路中把中线去掉并不影响电路的运行，因此当负载相同时可省去中线。

当三相四线制电路中的负载分配不平衡时，各相的负载阻抗不相同，至少有一相与其他相不同。在有中线时，每相负载的电压仍等于电源的相电压，而电路中的线电流各不相同。这时若断开中线，三相电源的线电压仍是对称的，但由于没有中性线，负载的相电压就不等于电源的相电压。这样就使有的相电压比额定电压高，有的相电压比额定电压低，造成负载不能正常工作，甚至使电气设备损毁。

因此在三相负载不对称时，必须要有中线，使三相负载的相电压对称，从而保证负载正常工作，这就是中线的作用。

如图 2-2 所示是三相对称负载的星形连接。

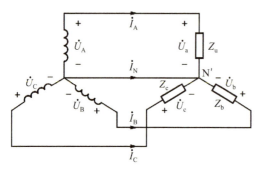

图 2-1　负载星形连接的三相四线制电路

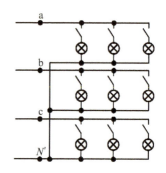

图 2-2　三相对称负载星形连接

（二）三相交流异步电动机

电机分为电动机和发电机，是实现电能和机械能相互转换的装置，对使用者来讲，广泛接触的是各类异步电动机。根据使用的交流相数，异步电动机分为三相异步电动机和单相异步电动机。它是一种基于电磁原理把交流电能转换为机械能的旋转电机，具有结构简单、制造方便、价格低廉、运行可靠、维修方便等一系列优点。因此，广泛用于工农业生产、交通运输、国防工业和日常生活等许多方面。有关三相交流异步电动机的结构、工作原理和具体参数详见第一篇第 2 章。

三相异步电动机接线盒内有 6 个端头，各相的始端用 U_1、V_1、W_1 表示，终端用 U_2、V_2、W_2 表示。电动机定子绕组的接线盒内端子的常见布置形式如图 2-3(c)所示，Y 连接的接法如图 2-3(a)所示，此时接上三相电源，定子绕组两端的电压为电源的相电压；△连接的接法如图 2-3(b)所示，此时接上三相电源，定子绕组两端的电压为电源的线电压。如果没有按照首、末端的标记正确接线，则三相异步电动机不能起动或不能正常工作。

当电动机没有铭牌，端子标号又弄不清楚时，需用仪表或其他方法确定三相绕组引出线的头尾。具体使用时采用何种接线方法，应根据三相电源以及定子绕组的额定电压作出决定。

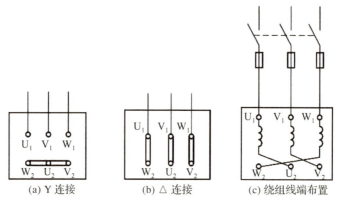

(a) Y 连接　　(b) △ 连接　　(c) 绕组线端布置

图 2-3　电动机接线

(三)三相异步电动机运转控制线路

1. 三相异步电动机直接起动的单向旋转控制线路

电动机的起动过程是指电动机从接入电网开始起,到正常运转为止这一过程。三相异步电动机的起动方式有两种,即在额定电压下的直接起动和降低起动电压的减压起动。电动机的直接起动是一种简单、可靠、经济的起动方法。但由于直接起动电流可达电动机额定电流的 4～7 倍,过大的起动电流会造成电网电压显著下降,直接影响在同一电网工作的其他感应电动机,甚至使它们停转或无法起动,故直接起动电动机的容量受到一定的限制。能否采用直接起动,可用下面的经验公式来确定满足公式:

$I_{st}/I_N \leqslant 3/4 + S/4P_N$,即可允许直接起动。

式中:I_{st} 为电动机的起动电流(A);I_N 为电动机的额定电流(A);S 为变压器的容量(kV·A);P_N 为电动机的容量(kW)。

三相异步电动机的直接起动由于起动电流大,只适用于小容量的电动机。一般功率小于 10kW 的电动机常用直接起动。

以下介绍异步电动机直接起动控制线路。首先介绍最简单的电动机单向旋转点动控制线路。

直接起动的电动机单向旋转点动控制线路是用按钮和接触器控制的。

用一个交流接触器和按钮来实现单方向直接起动控制,其原理如图 2-4 所示。线路的动作原理如下:合上电源开关 QS,按下按钮 SB,接触器 KM 线圈得电,KM 主触点闭合,电动机 M 运转;放开按钮 SB,接触器 KM 线圈失电,KM 主触点断开,电动机 M 停转。

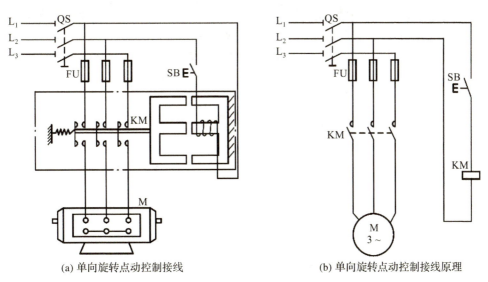

(a) 单向旋转点动控制接线　　　　　　(b) 单向旋转点动控制接线原理

图 2-4　电动机单向旋转点动控制线路

2. 三相异步电动机单向连续旋转控制线路

前面介绍了电动机的点动控制，三相异步电动机单向连续旋转可用开关或接触器控制，相应的有开关控制线路的接触器控制线路。

（1）刀开关控制线路。

用刀开关控制的电动机直接起动、停止的控制线路如图 2-5所示。合上电源开关 QS，三相交流电压通过开关 QS、熔断器 FU，直接加到电动机定子的三相绕组上，电动机即开始转动。断开 QS，电动机即断电停转。采用开关控制的线路仅适用于不频繁起动的小容量电动机。如工厂中一般情况下使用的三相电风扇、砂轮机以及台钻等设备。它的特点是简单，但不能实现远距离控制和自动控制，也不能实现零电压、欠电压和过载保护。

（2）接触器控制线路。

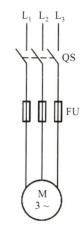

图 2-5 刀开关控制电动机直接起动控制线路

在工农业生产中，广泛采用继电接触控制系统对中小功率异步电动机进行直接起动和正反转控制。这种控制系统主要由交流接触器、按钮、热继电器等组成。

接触器控制电动机单方向连续旋转的直接起动控制线路，如图 2-6所示。图中 QS 为三相刀开关，KM 为接触器，FR 为热继电器，M 为三相异步电动机，SB1 为停止按钮，SB2 为起动按钮。

①线路工作原理：起动时，首先合上电源开关 QS，引入电源，按下起动按钮 SB₂，交流接触器 KM 线圈通电并动作，三对动合主触点闭合，电动机 M 接通电源而起动。同时，与起动按钮并联的接触器动合辅助触点也闭合。当松开 SB₂ 时，KM 线圈通过其本身动合辅助触点继续保持通电，从而保证了电动机的连续运转。这种松开起动按钮，依靠接触器自身的辅助触点保持线圈通电的线路，称为自锁或自保线路。辅助动合触点称为自锁触点。

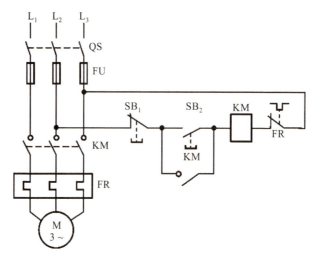

图 2-6 三相异步电机单向旋转直接起动控制线路

当需电动机停止时,可按下停止按钮 SB_1,切断 KM 线圈线路,KM 的主触点与辅助触点均断开,切断了电动机的电源线路和控制线路,电动机停止运转。

②线路保护:图 2-6 控制线路具有短路保护、过载保护及失电压和欠电压保护。熔断器 FU_1 和 FU_2 分别实现电动机主电路和控制线路的短路保护。当线路中出现严重过载或短路故障时,它能自动断开线路以免故障扩大。在线路中熔断器应安装在靠近电源端,通常安装在电源开关下边。

热继电器 FR 实现电动机的过载保护。当电动机出现长期过载时,串接在电动机定子线路中的双金属片因过热变形,致使其串接在控制线路中的动断触点断开,切断了 KM 线圈线路,电动机停止运转,实现电动机的过载保护。

电动机起动运转后,当电源电压由于某种原因降低或消失时,接触器线圈磁通减弱,电磁吸力不足,衔铁释放,动合主触点和自锁触点断开,电动机停止运转。而当电源电压恢复正常时,电动机不会自行起动运转,可避免意外事故的发生,这种保护称为失电压和欠电压保护。具有自锁的控制线路具有失电压和欠电压保护作用。

3. 三相异步电动机正反向旋转控制电路

如图 2-7 所示,三相异步电动机可用两个交流接触器和按钮实现正、反转控制。控制电路中还利用辅助触点实现自锁和联锁。与 SB_2 并联的动合触点 KM_1 为自锁触点,用来保持电动机连续运行。而图中与吸引线圈 $KM_1(KM_2)$ 串联的动断触点 $KM_2(KM_1)$ 为联锁触点,用来防止两个交流接触器同时动作,以避免主电路短路。

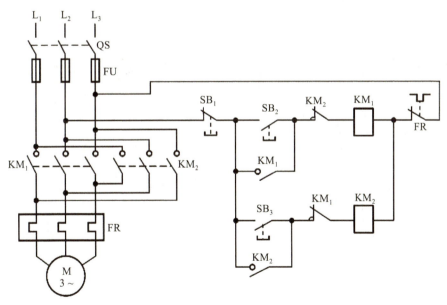

图 2-7　三相异步电动机正反向旋转控制电路

4. 三相异步电动机顺序控制电路

按图 2-8 所示接线,图中 M_1 为三相异步电动机(Y 形接法),L 为白炽灯(用以模拟替代另一个电动机的工作)。电路接好后,操作 SB_2、SB_3、SB_1,观察并记录电路的工作情况。

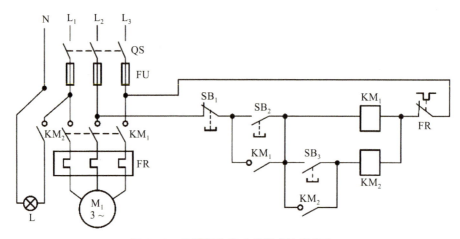

图 2-8　三相异步电动机顺序控制电路

5. 三相异步电动机简单的行程控制电路

如图 2-9 所示为自动往复循环控制电路，它是利用行程开关来控制电动机的正、反转，用电动机的正、反转带动生产机械运动部件的左、右（或上、下）运动。图中 SQ_1、SQ_2 是行程开关的动合与动断触点开关。按图接线并操作（可用手来代替撞块撞压各行程开关的滚轮，以模拟被控生产机械运动部件的移动信号）。

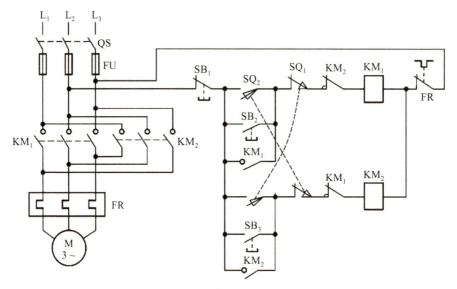

图 2-9　三相异步电动机行程控制电路

三、实验设备和器材

三相异步电动机、组合开关、熔断器、交流接触器、热继电器、按钮、端子、导线。

四、实验任务

1.用万用表检查交流接触器各组触点的工作情况,记录动断、动合的辅助触点组数及物理位置。

2.用万用表检查三相异步电动机的绕组线圈,辨别电动机三相绕组对应的接线端始末。

3.检查并操作三相异步电动机的三相绕组端子按 Y 形连接。

4.按照图 2-3 安装线路检查接线无误后通电源,起动三相异步电机。

5.在三相异步电机的供电电路中串联交流电流表,观察并记录三相异步电机直接起动时的电流大小。

6.画出三相异步电动机控制线路组件的接线图。

7.选择常用低压电器。用万用表检测继电接触器的常闭、常开触点和接触器线圈。

8.对照相应实验的电路原理图接线,接完后,对照电路原理图进行仔细检查。确认无误后方可通电。操作并记录电动机工作情况。

9.写出相应实验线路中各电器元件的动作顺序流程图。

五、思考题

1.为什么三相四线制电源的负载必须分配均匀?

2.三相四线制电源的中线断开以后,可能会对同一电网造成什么后果?为什么?

3.对应三相异步电动机的接线盒中绕组端子标号,画出电机作星形和三角形连接时的具体连线图。

4.为什么直接起动方法一般用于控制功率小于 10kW 的三相异步电机?

5.三相异步电动机的单向连续运转线路中,用了哪些最基本的控制和保护线路,其作用是什么?

6.在电动机的主电路中已装有熔断器,为什么还要再装热继电器?在照明线路及电热设备中,为什么一般只装熔断器而不再装热继电器?

7.什么是自锁、互锁?在控制线路中电气互锁起什么作用?

8.试设计对电动机正反转点动控制和连续工作控制的混合控制线路。

9.在图 2-8 中,若先操作 SB_3,工作情况将如何?

10.讨论实验电路中的短路、过载和失压三种保护功能。

11.分析说明各实验电路的工作原理,总结它们的动作结果。

实验三 三相异步电动机时间控制电路的安装

一、实验目的

1. 了解时间继电器的基本结构,并掌握其使用方法。
2. 学习并掌握时间控制电路的工作原理、控制功能、接线及操作方法。

二、内容概述

前面实验中已经介绍了电动机的点动控制、正反转控制、顺序控制以及行程控制等电路的工作原理和安装方法,下面再介绍几种常用的三相异步电动机的时间控制电路。

如果要求几台电动机按一定顺序、一定时间间隔进行起动运行或停止,常用时间继电器来实现。

时间继电器是一种具有延时动作功能的继电器,它从接收信号(如线圈带电)到执行动作(如触点动作)具有一定的时间间隔,此时间间隔可按需要预先设定,以协调和控制生产机械的各种动作。

时间继电器的种类通常有电磁式、电动式、空气式和电子式等,时间继电器的触点系统有延时动作触点和瞬时动作触点,其中又分动合触点和动断触点。延时动作触点又分通电延时型和断电延时型(其结构和符号详见第一篇)。

本实验是用时间继电器来实现对三相异步电动机的延时控制。

(一)时间控制电路

如图 3-1 所示是三相异步电动机和指示灯的时间控制电路,其中 L 为控制柜门上的指示灯。根据时间继电器的工作原理,分析上述电路的工作原理和控制功能。

(二)三相异步电动机的 Y-△ 起动控制电路

在实验一中已经介绍了三相异步电动机直接起动控制电路,这种方法简单、方便、经济、起动过程快,但只适用于小容量的电动机,一般功率小于 10kW 的电动机常采用这种方法。但对于大容量的异步电动机,为了减小电动机起动时的起动电流,以减小对电网的影响,常采用降压起动。其方法是在起动时降低电动机的电源电压,待电动机转速接近稳定时,再把电压恢复到正常值。由于电动机的转矩与其电压的平方成正比,所以降压起动时转矩也会相应减小。对于笼型电动机,降压起动的方法主要有星形—三角形(Y-△)换接起动和自耦减压起动,本实验采用 Y-△ 换接起动。

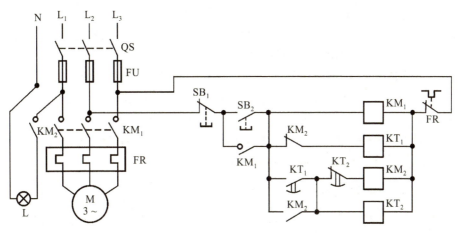

图 3-1 三相异步电动机和指示灯的时间控制电路

Y-△换接起动适用于正常运行时定子绕组为三角形连接的笼型电动机。采用这种方法起动时使电动机的定子绕组为星形连接,这时每相绕组上的起动电压只有它的额定电压的 1/3。当电机达到一定转速后,迅速将定子绕组切换成三角形连接,使电动机在额定电压下运行。由于电动机的起动电流和起动转矩均降低到直接起动时的 1/3,所以使用时必须注意起动转矩能否满足要求。

如图 3-2 所示为笼型电动机 Y-△换接起动的控制电路。其中接触器 KM_1 用于控制电动机的起动和停止,接触器 KM_Y 和 $KM_\triangle$ 分别用于电动机绕组的星形和三角形连接。

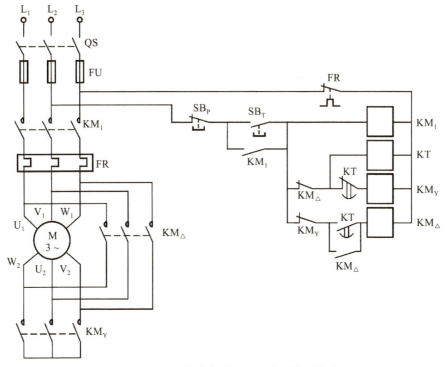

图 3-2 三相异步电动机 Y-△起动控制电路

控制电路工作原理：起动时，首先合上电源开关 QS，引入电源，按下起动按钮 SB_T，交流接触器 KM_1、KM_Y 和时间继电器 KT 的线圈通电，KM_1、KM_Y 的动合触点闭合，电动机接成星形降压起动，KM_1 的辅助触点闭合自锁。

经过预定的延时后，时间继电器 KT 的延时断开动断触点断开，使 KM_Y 接触器的线圈断电，其主触点断开。而 KT 的延时闭合动合触点闭合，接触器 $KM_\triangle$ 的线圈通电，其主触点闭合使电动机接成三角形运行，至此完成电动机的降压起动过程控制。

当电动机按三角形连接正常运转时，接触器 $KM_\triangle$ 的动断辅助触点断开，时间继电器 KT 断电复位，$KM_\triangle$ 的动合辅助触点闭合自锁。

（三）三相异步电动机能耗制动控制电路

如图 3-2 所示的三相异步电动机 Y-△ 起动控制电路应用了通延时时间继电器，而如图 3-3 所示的电动机能耗制动电路使用的是断延时时间继电器，请分析其工作原理。

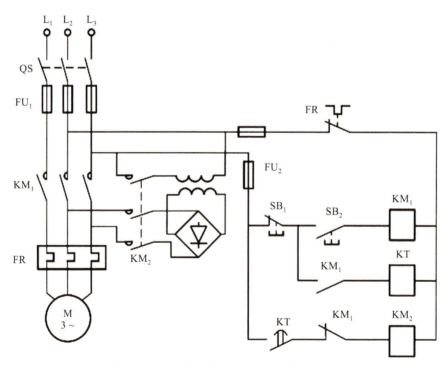

图 3-3　三相异步电动机能耗制动控制电路

三、实验设备和器材

三相异步电动机、指示灯、熔断器、交流接触器、热继电器、时间继电器、按钮、端子、导线。

四、实验任务

1.画出三相异步电动机 Y-△起动控制电路的接线图。

2.按图 3-1 连接电路,观察电路的工作情况。

3.按图 3-2 连接电路,观察 Y-△换接起动电路的工作情况。

4.改变以上两个电路中时间继电器的延时时间,观察电路的变化情况。

5.写出相应实验线路中各电器元件的动作顺序流程图。

五、思考题

1.对于大功率的三相异步电动机,一般采用什么方法起动?为什么?

2.试设计一控制电路,要求达到以下控制功能:

(1)按下常开按钮 SB_2,接触器 KM_2 得电,指示灯亮;2 秒后接触器 KM_1 得电,三相异步电动机自行起动;

(2)按下复合按钮 SB_1,电动机立即停止运行,指示灯延时 5 秒后熄灭;

(3)延时继电器采用 AH3-NB(其主要参数和管脚图详见第一篇)。

3.分析说明图 3-1 和 3-2 所示实验电路的工作原理,总结它们的动作结果。

4.分析图 3-3 三相异步电动机能耗制动控制电路的工作原理。

实验四　PLC 控制电路的应用

一、实验目的

1. 学习 PLC 的基本结构、工作原理及输入输出接线方法。
2. 学习 PLC 的基本指令。
3. 学习并掌握施耐德 Zelio Logic 系列 PLC 的基本编程方法。

二、内容概述

利用交流接触器可以完成三相异步电动机的正反转控制。下面介绍利用 PLC 对三相异步电动机进行控制的方法。

（一）PLC 硬件

可编程逻辑控制器是一种专门为在工业环境下应用而设计的数字运算操作电子系统。PLC 的型号不同，对应着其结构形式、性能、容量、指令系统、编程方式、价格等均各不相同，适用的场合也各有侧重。本实验所使用的 PLC 是施耐德 Zelio Logic 系列的紧凑型智能继电器，其型号为 SR2B201FU，实物如图 4-1 所示。

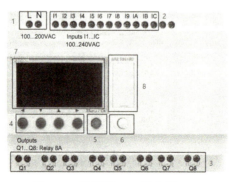

图 4-1　施耐德 SR2 基本型 PLC

该 PLC 采用 85～264V 交流供电，电压频率为 50/60Hz。PLC 共有 12 个离散量输入通道和 8 个继电器输出通道。输入端口允许输入 100～240V 交流电，输入阻抗 350kΩ。继电器输出端接直流电时，电压范围在 5～30V；继电器输出端接交流电时，电压范围在 24～

250V。除相关接口外,该 PLC 还具有 1 个显示面板、6 个按键和一个电脑连接口,具体功能说明如表 4-1 所示。该型号 PLC 还具有内部时钟,其时钟误差在 6 秒/月。

表 4-1　PLC 前面板部件说明

标号	部件说明
1	电源连接端子
2	离散量输入端子
3	继电器输出端子
4	方向键(灰色),在配置之后为 Z 按键
5	Menu/OK 键(绿色),用于选择和确认操作
6	Shift 键(白色)
7	4×18LCD 显示器
8	用于内存备份或者电脑连接线的插槽

(二)PLC 编程

该 PLC 无须连接电脑,即可在 PLC 上完成编程,其前面板上的按键用来配置、编写和控制应用程序,并监视应用程序的状态。程序采用梯形图语言编写,且只能在设备处于"停止"模式下编写。编写程序过程中,每行最多可以有 5 个触点,最多允许输入 120 行梯形图,触点必须与线圈相连,但线圈并不一定位于同一行。PLC 具有丰富且通俗易懂的元件符号,可以使用的触点符号有 I、i、Z、z、M、m、Q、q、T、t、C、c、K、k、V、v、A、a、H、h、W、w、S、s,可以使用的线圈有 M、Q、T、C、K、X、L、S。一般情况下,大写字母表示常开模式,小写字母表示常闭模式,常用的符号和说明如表 4-2 所示,梯形图编辑后,在 PLC 显示屏显示的实例如图 4-2 所示。

表 4-2　部分梯形图语言元件说明

元件	说明
I—	常开触点对应着输入的直接状态。如果有输入,则称该触点为导通
i—	常闭触点对应着输入的反向状态。如果有输入,则称该触点为不导通
[Q—	如果与线圈相关联的触点导通,线圈就会得电,否则线圈关闭
∫Q—	通过脉冲启动,每次接收到脉冲,线圈的状态都会变化
Q—	用作常开触点的输出对应着输出的直接状态。如果该输出得电,则称该触点为导通
q—	用作常闭触点的输出对应着输出的反向状态。如果该输出得电,则称该触点非导通
TT—	计时器指令输入线圈
RT—	计时器复位输入线圈
T—	常开触点对应着计时器功能块输出的直接状态。如果该输出得电,则触点导通
t—	常闭触点对应着计时器功能块输出的反向状态。如果该输出得电,则触点非导通

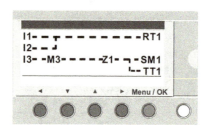

图 4 - 2　梯形图实例

（三）PLC 控制电路

利用 PLC 完成三相异步电动机正反转的控制电路如图 4-3 所示。在该控制电路中，利用了 4 个输入端子和 4 个输出端子。在输入端子中，常开按钮 SB_2 用于控制电动机正转，SB3 控制电动机反转，SB_1 控制电动机停止旋转。在输出端，Q_1 和 Q_4 控制 L_3 相电源，Q_2 控制 L_2 相电源，Q_3 和 Q_5 控制 L_1 相电源。运行过程中，通过控制三相交流电在 PLC 输出端的输出，即可调整输入电动机电源的相序，继而控制电动机的正转和反转。

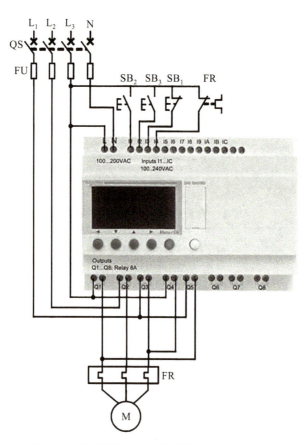

图 4 - 3　三相异步电动机正反转 PLC 控制电路

三、实验设备和器材

三相异步电动机、PLC、熔断器、热继电器、按钮、端子、导线。

四、实验任务

1. 画出 PLC 控制三相异步电动机正反转的接线图。

2. 选择常用低压电器。用万用表检测设备好坏。

3. 对照实验电路原理图接线,接完后,对照电路原理图进行仔细检查。确认无误后方可通电。

4. 编写 PLC 程序,检查无误后,将 PLC 切换至运行状态,操作并记录电动机工作情况。

5. 观察各器件动作与 PLC 程序执行的对应关系。

五、思考题

1. 画出 PLC 控制三相异步电动机连续旋转的电路原理图,并完成程序设计。

2. 利用 PLC 控制三相异步电动机旋转过程中,是否需要熔断器和热继电器进行保护?为什么?

3. 在允许修改 PLC 程序的情况下,图 4-3 中,是否可以将常闭按钮 SB$_1$ 换成常开按钮? 如果可以,说明更换的方法;如果不可以,说明理由。

4. 在 PLC 编程中,如何区分常闭触点和常开触点?

5. 试说明 PLC 在电机控制中的优缺点。

实验五 Altium Designer 软件使用练习(一)
——设计电路原理图

一、实验目的

1. 学习 Altium Designer 软件的基本操作。
2. 用 Altium Designer 软件绘制电路原理图。
3. 以图为例设计直流稳压电源的电路原理图。
4. 以图为例设计蓝牙音箱的电路原理图。

二、内容概述

Altium Designer 是一款由 Altium 公司开发的专业电子设计自动化(EDA)软件,主要运行于 Windows 操作系统。该软件通过把原理图设计、电路仿真、PCB 绘制编辑、拓扑逻辑自动布线、信号完整性分析和设计输出等技术的完美融合,为设计者提供全新的设计解决方案。由于其功能强大,界面友好,操作简便,受到广大电路设计人员的青睐,是目前流行的电子设计自动化软件之一。

Altium Designer 软件集成了电路设计、印刷电路板 PCB 设计、FPGA 设计等多个功能模块,可用于实现从原理图设计到 PCB 布局的完整流程。熟练使用软件,能提高电路设计的质量和效率,缩短电子产品的开发周期和流程。

图 5-1 描绘了在 Altium Designer 中建立一个原理图时需要依照的工作流程。根据设计需要选择合适的元器件,并把所选用的元

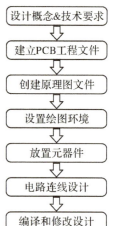

图 5-1 设计流程

器件和相互之间的连接关系明确表示出来,这就是原理图的设计过程。绘制电路原理图时,首先应保证电路原理图的电气连接正确,信号流向清晰;其次应使元器件的整体布局合理、美观、精简。

Altium Designer 绘制电路原理图的步骤如下。

(一)创建 PCB 工程文件

点击桌面图标,启动运行 Altium Designer 软件;然后点击菜单 File→New→Project PCB →Project 命令,系统创建一个"PCB-Project1. PrjPCB"的项目后,请更名保存(Save as...)。

(二)启动电路原理图编辑器

鼠标移至工程文件名上点击右键,执行弹出菜单中的 Add New to Project→Schematic 命令,系统将在该项目中创建一个空白的原理图文件,默认名称是"Sheet1.SchDoc",同时打开原理图编辑环境。在该文件名上单击鼠标右键,执行 Save As 命令,可以对其重命名。

(三)设置电路图图纸尺寸以及版面

在原理图编辑窗口中,通过双击图纸的版边,或者使用菜单命令 Design→Options 来打开"文档选项"对话框,进行图纸尺寸、栅格等内容的设置。

(四)元件库载入和浏览

打开 Libraries 面板,然后点击"Libraries"按钮完成元件库的载入。通过 Libraries 面板浏览库中的元器件。

(五)在图纸上放置需要设计的元器件

放置元件有许多方法,具体参见附录 1 相关内容,按照表 5-1 完成元器件的放置,并修改各个元件的标号及参数属性,完成器件布局。

(六)绘制导线

执行菜单 Place→Wire 命令,或者点击 Wire 工具栏中的画导线图标,完成原理图的连线。

(七)电路原理图的完善

1. 放置电源和地符号

执行菜单 Place→Power Ports 命令,或者通过 Wire 工具栏中的图标放置电源端口,并进行相应的设置。

2. 放置文字和标注

执行菜单 Place→Text String 命令,或者通过 Wire 工具栏中的图标放置文字标注,并进行相应的修改。

三、实验设备和器材

电脑、Altuim Designer 软件。

四、实验任务

(一)在 Altium Designer 软件上画出直流稳压电源电路原理图(见图 5-2)

1. ±12V 输出的直流稳压电源

图 5-2 所示是用三端集成稳压器 7812 和 7912 构成的具有±12V 输出的直流稳压电源电路。

降压变压器 T_1 的原边绕组接交流 220V,副边绕组中间有抽头,为二组交流 15V 输出,D_1 和电容 C_1、C_2 组成桥式整流,电容滤波电路。在电容器 C_1、C_2 两端有 18V 左右不

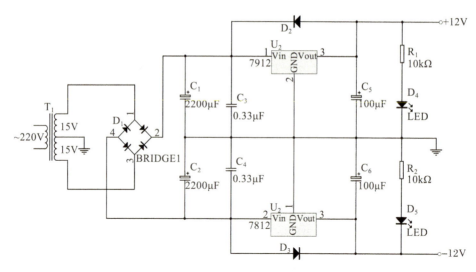

图 5-2　直流稳压电源电路原理

稳定的直流电压,经三端集成稳压器稳压,在 7812 集成稳压器输出端有＋12V 的稳定直流电压输出,在 7912 集成稳压器的输出端有－12V 的稳定直流电压输出。该电路可用作集成运算放大器电路、OCL 功率放大电路的电源。

C_3、C_4 用来防止电路自激振荡。C_5、C_6 用来改善负载的瞬态响应,防止负载变化时,输出电压产生较大的变动。D_4、D_5 是发光二极管,用作电源指示灯。R_1、R_2 是发光二极管的限流电阻。D_2、D_3 为保护二极管,用以防止当集成稳压器输入端短路时,因电容器 C_5、C_6 放电而损坏集成稳压器。

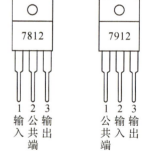

图 5-3　三端集成稳压器

2.元器件放置

对照电路原理图 5-2 中的元件标识,从标准库文件 Miscellaneous Devices.IntLib 中,按表 5-1 所示元件名称,放置元件。

表 5-1　直流稳压电源电路的元件名称

元件标识	元件名称	元件标识	元件名称
变压器 T_1	Trans CT	电解电容 $C_1/C_2/C_5/C_6$	Cap Pol1
整流桥 D_1	Bridge1	电容 C_3/C_4	Cap
电阻 R_1/R_2	Res2	二极管 D_2/D_3	Diode
稳压模块 7812/7912	Volt Reg	发光二极管 D_4/D_5	Led0

3.布线连接

按原理图示完成布线连接。

（二）在 Altium Designer 软件上画出蓝牙音箱的电路原理图（见图 5-4）

1.蓝牙音箱电路

图 5-4 所示是由无线蓝牙音频模块 MH-M18 和音频功率放大器 HT6872 所构成的音频放大电路。

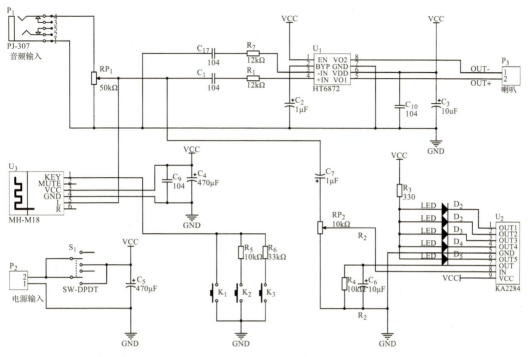

图 5-4 蓝牙小音箱电路原理图

（1）MH-M18 蓝牙音频接收模块。它采用低功耗蓝牙设计，支持蓝牙 V4.2 传输和蓝牙自动回连技术，可快速实现蓝牙无线传输，在空旷环境下，蓝牙连接距离可达 20m。模块支持双声道立体声无损播放，使用非常便捷。其引脚定义如表 5-2 所示。

表 5-2 蓝牙音频模块 MH-M18 的引脚定义

编号	引脚	说明
1	KEY	按键控制端（4 种按键功能，需要另外加电阻）
2	MUTE	静音控制端（静音时输出高电平 3.3V，播放时输出低电平）
3	VCC	电源正极 5V（锂电池 3.7V 供电需要短路二极管）
4	GND	电源负极
5	L	左声道输出
6	R	右声道输出

（2）HT6872 音频功率放大器。它是一款低 EMI、防削顶失真的单声道免滤波 D 类音频功率放大器，在各类音频终端应用中维持高效率并提供媲美 AB 类放大器的性能。HT6872 内部集成免滤波器数字调制技术，能够驱动扬声器，并减小脉冲输出信号的失真和噪声，输出无须滤波网络。其引脚顶视图如图 5-5 所示，各引脚定义如表 5-3 所示。外部元器件节省了系统空间和成本，是便携式应用的选择。

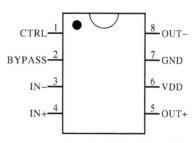

图 5-5 HT6872 芯片引脚顶视图

表 5 – 3　HT6872 芯片的各引脚定义

SOP 引脚号	引脚名称	I/O	ESD 保护电路	功能
1	CTRL	I	PN	ACF 模式和关断模式控制端
2	BYPASS	A	PN	模拟参考电压
3	IN—	A	PN	反相输入端（差分—）
4	IN+	A	PN	同相输入端（差分+）
5	OUT+	O	—	同相输出端（BTL+）
6	VDD	Power	—	电源
7	GND	GND	—	地
8	OUT—	O	—	反相输出端（BTL—）

注：I：输入端；O：输出端；A：模拟端；

当大于 VDD 的电压外加于 PN 保护型端口（ESD 保护电路由 PMOS 和 NMOS 组成）时，PMOS 电路将有漏电流流过。

（3）KA2284 电平指示芯片。

KA2284 是用于 5 点 LED 电平指示的集成电路，其各引脚功能如表 5 – 4 所示。电平指示器实际上也就是一个 A/D 转换器，输入高低不同的电压，就可以输出 5 个 LED 不同的点亮状态。不同的是，LED 只能顺序点亮和熄灭，输出也只有 6 个状态，即"全熄—亮1—再亮 2—再亮 3—再亮 4—再亮 5"。电平指示常常用 LED 点亮的数量来做功放输出或者环境声音大小的指示，即声音越大，点亮的 LED 越多，声音越小，点亮的 LED 越少。

表 5 – 4　KA2284 各引脚功能

序号	符号	功能
1	OUT1	−10dB 输出
2	OUT2	−5dB 输出
3	OUT3	0dB 输出
4	OUT4	3dB 输出
5	GND	地
6	OUT5	6dB 输出
7	OUT	输出端
8	IN	输入端
9	V_{CC}	电源

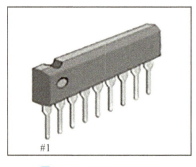

#1

图 5 – 6　KA2284 9-SIP

2. 元器件放置

对照电路原理图 5 – 4 中的元件标识，分别从库文件 Miscellaneous Devices. IntLib 和 Miscellaneous Connectors. IntLib 中，按表 5 – 5 所示元件名称，放置元件。

表 5-5　蓝牙音箱电路的元件名称

元件标识	Devices. IntLib 元件名称	元件标识	Connectors. IntLib 元件名称
电位器 RP_1/RP_2	RPot	音频输入端口 P1	Phonejack Stereo SW
电阻 R_1/R_3-R_7	Res2	输入输出端口 P2/3	Header 2
电解电容 C_2-C_7	Cap Pol1	U1(HT6872)	Header 4X2A
电容 $C_1/C_9/C_{10}/C_{17}$	Cap	U2(KA2284)	Header 9
发光二极管 D_1-D_5	Diode	U3(MH-M18)	Header 6
按键 K_1-K_3	SW-PB		
双刀双掷开关 K	SW-DPDT		

3. 自建库元件

因为电路图中的无线蓝牙音频模块 MH-M18、音频功率放大器 HT6872 和电平指示芯片 KA2284 在标准库文件中不存在,所以需要通过自建库元件来完成元件的放置。本实验通过将表 5-5 中的 U_1、U_2 和 U_3 这三个元件分别修改成 HT6872、KA2284 和 MH-M18 来完成自建库元件,具体操作如下:

(1)当元件放置完成后,执行菜单 Design→Make Schematic Library 命令,自动生成工程(Project)专属的原理图库文件(. SCHLIB)。

(2)在自建好的原理图库文件中,对元件 Header 4X2A、Header 9 和 Header 6,分别对照 HT6872、KA2284 和 MH-M18 的图示和引脚定义进行编辑,并修改元件名称等参数,更新保存到自建的库文件。

(3)回到原理图文件,用自建的库元件分别替换 U_1、U_2 和 U_3。

4. 布线

对照原理图示完成布线连接。

五、思考题

1. 说明 Grid 和 Electrical Grid 的区别,Grids 中 Snap 和 Visible 设置的含义。

2. 了解集成库的概念,从库中找寻元器件有几种常用的方法?

3. 元器件属性里有哪些主要参数,具体的意义是什么?

4. 放置 Wire 和 Line 的区别是什么,绘制连线时应如何选用?

5. 电源端口 Power Ports 有哪些类型?

一、实验目的

1. 深入学习 Altium Designer 软件的基本操作。
2. 学习使用 Altium Designer 软件绘制印刷电路图。
3. 以实例设计 PCB 图。

二、内容概述

印制电路板设计是从电路原理图变成一个具体电子产品的必经之路。用 Altium Designer 软件很容易完成印刷电路图的设计。

(一)PCB 的基本结构

早期的 PCB 是一块表面有导电铜层的绝缘材料板。根据电路结构,在 PCB 上合理安排电路元器件的位置(称为布局)。然后在板上绘制各元器件间的连线(称为布线),经腐蚀后保留用作连线的铜层。再经过钻孔等后处理,裁剪成一定的外形尺寸,供装配元器件用。

随着电子技术的发展,PCB 大致上可以分为单层板、双层板和多层板。

单层板是一种只有一面带有敷铜的电路板。设计者只能在敷铜的一面布线。单层板成本低,因而被广泛应用,但由于只能在一面布线,因此当线路复杂时,布线就非常困难。

双层板包括顶层(Top Layer)和低层(Bottom Layer),顶层一般为元件面,底层一般为焊接层面。双层板的两面都有敷铜,都可布线,是制作 PCB 比较理想的选择。

多层板是包含多个工作层的 PCB,一般指 3 层以上的 PCB,除了顶层和底层以外,还包括中间层、内部电源层或接地层等。

(二)PCB 的基本图件

PCB 基本图件包括元件封装、导线、焊盘、过孔、圆弧线、矩形填充块、字符串、多边形覆铜、坐标、标注等。

元件封装:PCB 中的元件又称为元件封装,是指实际元器件焊接到电路板时所标示的外观和焊点位置。不同的元器件可以共用一个元件封装,同一种元器件可以用不同的元件封装。

(三)PCB 的绘制

在 Altium Designer 系统中,创建 PCB 文件,通过网络表载入电路元器件,完成元件的布局,进行 PCB 布线,完成 PCB 设计。具体操作方法参见附录 1。

三、实验设备和器材

电脑、Altuim Designer 软件。

四、实验任务

1.完成汽车转向闪光电路 PCB 图(单层板)设计(参考图 6－1)。

2.完成蓝牙音箱电路 PCB 图(双层板)设计(参考图 6－2)。

五、思考题

1.如何对印刷电路板进行分类?

2.如何画出 PCB 的物理边界和电气边界?

3.修改元件封装有哪些方法?

4.PCB 布局时应考虑哪些问题?

5.如何设置 PCB 布线规则?

6.完成布线后,还需要做哪些后续工作?

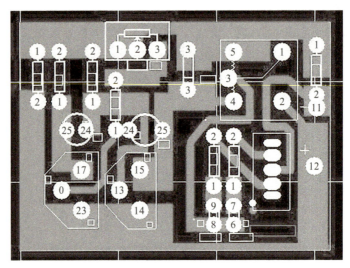

图 6-1　汽车转弯闪光指示电路的 PCB 图

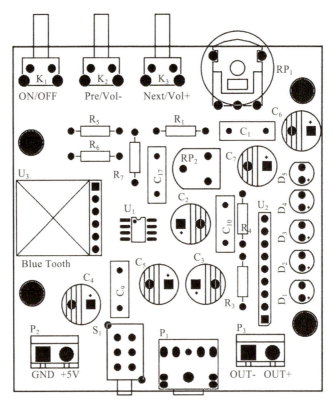

图 6-2　蓝牙音箱电路的元件布局图

实验七 电路的焊接、安装和调试

一、实验目的

1. 学习正确识别电子元器件。
2. 学习使用万用表检测电子元器件。
3. 学习应用电烙铁焊接元器件。
4. 完成一个小型实用电子电路的制作(汽车转弯闪光指示灯电路)。
5. 常用电子仪器的初步使用。

二、内容概述

(1)常用电子元器件的识别,请阅读第三章 3.1.1～3.1.5 的相关内容。

(2)手工焊接技术介绍,请阅读第三章 3.2.5 相关内容。

手工焊接通常采用五步焊接法(见图 3-2-10),焊接练习的基本要点如下:

①电路板要保持干净。若焊盘氧化或不洁净,易导致焊接困难或虚焊。

②若元器件引脚与焊点不合适,可用镊子、尖嘴钳等工具做适当调整。

③焊接时,须将被焊物固定。初次练习可将元器件紧贴电路板,特别在焊锡凝固过程中不能晃动被焊元器件,否则很容易造成虚焊。

④要掌握好焊接温度和时间。控制好烙铁头与焊点接触的时间,来保持焊点的温度,以使焊点锡光亮、光滑为宜,如果发暗或成"豆腐渣"状,容易形成虚焊。

⑤加锡要适量。焊锡量以盖住焊盘,包住管脚 0.5～1mm 为宜。如果一次上锡不够,可以填补,填补的焊锡要与焊点上原有的锡熔结为一体后,方可移去烙铁。

⑥焊接结束后,检查焊点表面是否光亮,是否有拉尖;剪去过长的引脚,引脚通常以不高出电路板面 2mm 为宜。可用手或镊子轻触元件,查看有无松动,如有应重新焊接。

⑦最后整体检查:要求焊点大小均匀整洁,焊锡适量,剪切高度一致,元器件摆放位置合适、整齐。

(3)常用电子仪器的使用,请阅读第四章 4.2 的相关内容。

(4)运用实例(汽车转弯闪光指示电路):

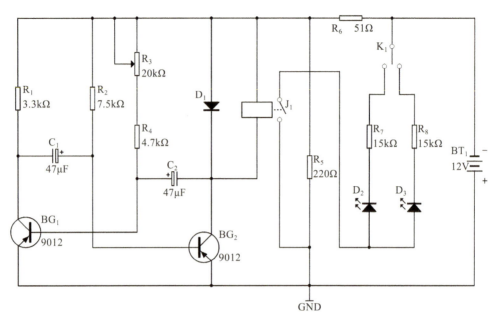

图 7 - 1   汽车转弯闪光指示灯原理图

当汽车转弯时,方向指示灯一闪一闪地发光,指示转弯的方向,以引起来往车辆及行人的注意。汽车转弯闪光指示灯电路的工作原理如图 7 - 1 所示,BG_1、BG_2 组成无稳态电路,当电路通电后,无稳态电路开始工作,由于 BG_2 不断导通与截止,从而使继电器 J_1 不断吸合与释放,使指示灯电路接通和断开,灯发出一闪一闪的亮光。当 K_1 合向左边时,左边指示灯发光,当 K_1 合向右边时,右边指示灯发光。

三、实验设备和器材

万用表、直流稳压电源、示波器等仪器设备;电烙铁、电路板等工具;实验用元器件若干。

四、实验任务

1. 根据实例电路(参见图 6 - 1 和图 7 - 1)认识并选择所需要的电阻、电容、电位器、继电器、二极管、三极管、开关、LED 指示灯。

2. 用万用表测电阻阻值;判断电容器的好坏。

3. 用万用表判别二极管的极性,判别三极管的管型,区分三极管 E、B、C 管脚及其好坏。

4. 根据电路图将各元器件焊接到电路板上。

5. 电路焊接完毕经检查无误后,通入直流电压。若电路焊接正确无误,则电路会闪光显示。

6.用示波器观察"汽车转弯闪光指示灯"电路中晶体管 BG_1、BG_2 的集电极波形,并记录之。

五、思考题

1.如何识别色环电阻?

2.电解电容器的使用要注意什么?

3.万用表判别二极管的极性,如何判别? 显示的数字是什么含义?

4.示波器观测晶体管 BG_1、BG_2 的集电极波形时,接地点如何选择?

5.调节电位器 R_3,影响 BG_2 集电极波形的参数有哪些?

实验八 实际应用电路的设计和制作

一、实验目的

通过实际应用电路的设计和制作,进一步掌握电子线路的焊接技术和电子产品的组装过程。可在以下任务中选一项完成。

1. 简易 LED 时钟套件的焊接安装与调试。
2. 蓝牙音箱的焊接安装与调试。
3. 收音机套件的焊接安装与调试。

二、实验内容

(一) 简易 LED 时钟套件简介

本电路系统以 STC15F204EA 单片机控制器为核心,外围由 DS1302 实时时钟电路、数码管显示电路、按键电路等构成。其特点是小巧价廉,走时精度高,功能多,便于集成化,使用方便。

1. 主要器件

(1)单片机 STC15F204EA。

STC15F204EA 单片机是一种 A/D 转换单片机,单时钟/机器周期,高速、高可靠、低功耗的新一代 8051 单片机。内部集成高精度 R/C 时钟,±1% 温漂,5M~35MHz 宽范围可设置。具有 8 路 10 位高速 A/D 转换,可针对电机控制、强干扰等场合使用。其管脚图如图 8-1 所示。

(2)时钟芯片 DS1302。

DS1302 是一种高性能、低功耗、带 RAM 的实时时钟电路,它可以对年、月、日、周、时、分、秒进行计时,具有闰年补偿功能,工作电压为 2.0~5.5V。其引脚功能图如图 8-2 所示,引脚功能表如表 8-1 所示;而简易 LED 时钟电路如图 8-3 所示。

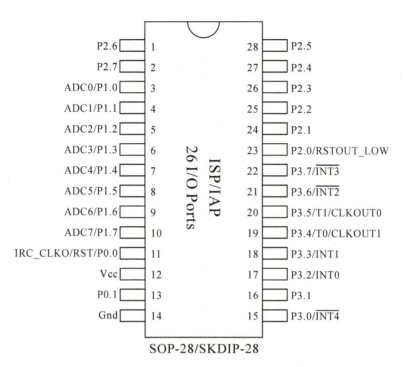

图 8-1 STC15F204EA 系列管脚图

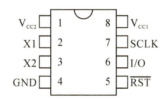

图 8-2 DS1302 的引脚功能图

表 8-1 DS1302 的引脚功能表

引脚号	引脚名称	功能
1	V_{CC2}	主电源
2,3	X_1,X_2	振荡源,外接 32 768 Hz 晶振
4	GND	地线
5	$\overline{RST}$	复位/片选线
6	I/O	串行数据输入/输出端(双向)
7	SCLK	串行数据输入端
8	V_{CC1}	后备电源

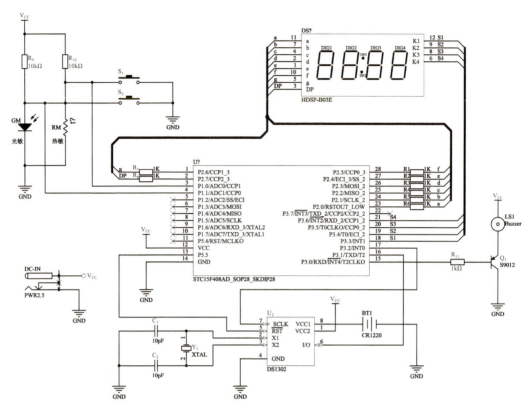

图 8-3　简易 LED 时钟电路图

2. 焊接安装

(1)元件清单(见表 8-2)。

表 8-2　元件清单

序号	名称	标号/Label	数量
1	3 位数码管	SM	1
2	S9012 三极管	Q_1	1
3	1kΩ/2 电阻	R_1—R_8	8+1
4	10kΩ/2 电阻	R_9/R_{10}	2+1
5	12pF 瓷片电容	C_1/C_2	2
6	热敏电阻	RM	1
7	光敏电阻	GM	1
8	侧按键开关	S_1/S_2	2
9	蜂鸣器	BUZZER	1
10	5V 电源插座	DC-IN	1
11	STC15 单片机	U_1	1

续表

序号	名称	标号/Label	数量
12	28P 芯片座	U_1	1
13	8P 芯片座	U_2	1
14	时钟芯片	U_2	1
15	圆柱晶振	Y_2	1
16	纽扣电池	BAT	1
17	纽扣电池座	BAT	1
18	USB 电源线		1
19	电路板		1

（2）元件分布图

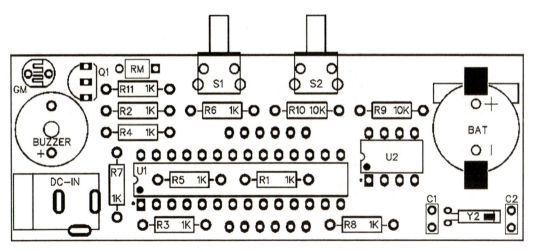

图 8-4　时钟电路板元件分布图

（3）焊接步骤。

①焊接 10kΩ、1kΩ 电阻（无极性）；

②焊接 12pF 瓷片电容、圆柱晶振；

③焊接热敏电阻、光敏电阻；

④焊接纽扣电池底座；

⑤焊接 28P、8P—IC 座（U 形缺口对应丝印图案）；

⑥焊接 S9012 三极管，对应丝印图形放置；

⑦焊接蜂鸣器（引脚：长＋短－）、电源插座（5V 供电）；

⑧焊接 4 位数码管；

⑨焊接侧按键开关；

⑩将芯片引脚稍向内弯曲安装至 IC 座，纽扣电池正极朝上放入电池座。

（二） 蓝牙音箱简介

本制作是一款便携式 USB 音箱，电路系统由音频输入、音频放大、音频显示等电路构成。音频输入有线入和蓝牙输入两种方式，其中蓝牙输入采用 M18 蓝牙音频模块。音频放大采用单声道音频功率放大器 HT6872，由 5V 电源供电，直接驱动 4Ω 负载扬声器，可达 3W 输出功率。音频显示采用 KA2284 电平指示芯片，根据输入音量的大小，依次点亮不同数量的发光二极管，实现光线随着音乐而有节律的变化。

1. 主要器件

蓝牙音箱的元器件介绍请参见实验五相关内容，电路原理参见图 5-4。

2. 焊接安装

(1)元件清单(见表 8-3)。

表 8-3　元件清单

序号	名称	标号/Label	数量
1	104 独石电容	C_1、C_9、C_{10}、C_{17}	4
2	直插电解电容 $1\mu F$	C_2、C_7	2
3	直插电解电容 $10\mu F$	C_3、C_6	2
4	直插电解电容 $470\mu F$	C_4、C_5	2
5	5mm 红色 直插 LED	D_5	1
6	5mm 绿色 直插 LED	D_4	1
7	5mm 蓝色 直插 LED	D_3、D_2、D_1	3
8	卧式侧按键	K_1、K_2、K_3	3
9	黑色按键帽	K_1、K_2、K_3	3
10	3.5mm 音频插座	P_1	1
11	M18 蓝牙音频模块	P_4	1
12	直插电阻 $12k\Omega$	R_1、R_7	2
13	直插电阻 330Ω	R_3	1
14	直插电阻 $10k\Omega$	R_4、R_5	2
15	直插电阻 $33k\Omega$	R_6	1
16	拨盘电位器 $50k\Omega$(503)	RP_1	1
17	蓝白电位器 $10k\Omega$(103)	RP_2	1
18	卧式自锁开关	S_1	1
19	红色自锁开关帽	S_1	1
20	HT6872 贴片音频功放芯片	U_1	1
21	KA2284 LED 电平驱动芯片	U_2	1
22	4Ω、3W 喇叭＋引线		1
23	单头 USB 电源线		1
24	双头音频线		1
25	电路板		1

M18 蓝牙音频模块接口采用半孔工艺，方便直接贴片或焊接到板上，如图 8-5 所示。

模块蓝色指示灯说明：

①蓝牙未连接时，指示灯会快速闪烁；

②蓝牙连接开启时，指示灯始终亮起；

③蓝牙播放时，指示灯会缓慢闪烁。

(2)蓝牙音箱元件分布如图 8-6 所示。

图 8-5 MH-M18 蓝牙音频接收模块

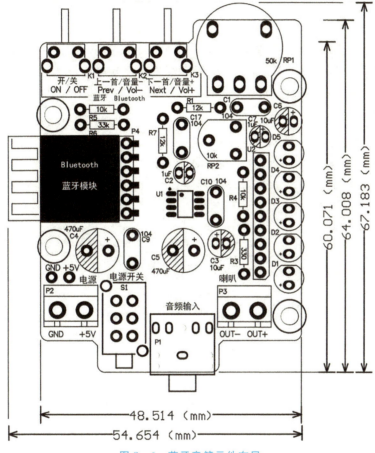

图 8-6 蓝牙音箱元件布局

(3)焊接步骤。

①元件焊接顺序由低到高，从较低的电阻开始焊起（电阻无极性），注意对应丝印标识的阻值进行焊接；

②焊接 M18 蓝牙音频模块，焊接之前在电路板上其中一个焊盘上锡，然后夹持贴片模块进行焊接；

③焊接 HT6872 音频功放贴片芯片，注意芯片圆点与丝印图案对应；

④焊接拨盘电位器 50K(103)；

⑤焊接 104 独石电容（无极性）；

⑥焊接 3.5mm 音频插座；

⑦焊接 KA2284 电平驱动芯片，注意芯片缺角与丝印图案对应；

⑧焊接卧式侧按键；

⑨焊接 1μF、10μF、470μF 直插电解电容（引脚长正短负），注意对应丝印标注的容值；

⑩焊接蓝白电位器 10kΩ（103）；

⑪按颜色顺序焊接 LED 灯珠；

⑫焊接卧式自锁开关；

⑬焊接喇叭线、USB 电源线。

（三）收音机套件简介

本电路以基于 RDA5807M 芯片的 FM 收音模块为接收器，以 STC15W408AS 单片机为核心器件，采用 74HC595D 芯片驱动 4 位数码管显示收音频率，音频信号通过 TDA2822D 功放芯片输出到喇叭和耳机接口。

1.主要器件

（1）立体声收音模块 FM－RRD－102。

"RRD－102V2.0"模块采用 RDA5807M 收音芯片，电路外围元件少，噪声系数极小，是一款具有高灵敏度、低功耗、超小体积的调频立体声收音模组。因其成本低廉、应用简单，具有较高的性价比，得到了广泛的使用。如表 8－4 所示。

表 8－4　收音模块 FM－RRD－102 的引脚功能表

引脚号	符号	功能	引脚号	符号	功能
1	GND	地	6	DATA	总线串行数据输入输出接口
2	R－Out	右声道输出	7	CLOCK	串行数据总线参考时钟
3	L－Out	左声道输出	8	GP$_2$	NC
4	RCK	外部时钟输入端	9	GP$_3$	NC
5	FM	天线接入端	10	VDD	电源输入端

（2）单片机 STC15W408AS。

STC15W408AS 单片机芯片是 STC 生产的单时钟/机器周期（1TB）的单片机，是宽电压/高速/高可靠/低功耗/超强抗干扰的新一代 8051 单片机，采用 STC 第九代加密技术，无法解密，指令代码完全兼容传统 8051，但速度快 8～12 倍。其内部集成了中央处理器（CPU）、程序存储器（Flash）、数据存储器（SRAM）、定时器/计数器、掉电唤醒专用定时器、I/O 口、高速 A/D 转换（30 万次/秒）、比较器、看门狗、高速异步串行通信端口 UART、CCP/PWM/PCA、高速同步串行端口 SPI、片内高精度 R/C 时钟及高可靠复位等模块。几乎包含了数据采集和控制中所需的所有单元模块，功能强大，可称得上是一个片上系统（sys tem chip，STC）。STC15W408AS（28）管脚图如图 8－7 所示。

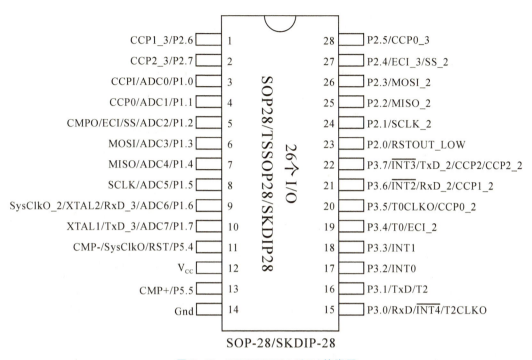

图 8 - 7 STC15W408AS(28)管脚图

（3）稳压芯片 AMS1117。

AMS1117 芯片是一种低压差线性稳压器，可将输入电压稳定输出为 3.3V 的直流电压。该芯片的主要特点是低压差、高精度、低静态电流、过载保护等，是一种应用广泛的稳压器。AMS1117 引脚图如图 8-8 所示。

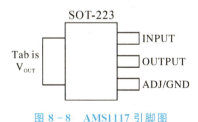

图 8 - 8 AMS1117 引脚图

（4）功率放大 TDA2822。

TDA2822 是意法半导体(ST)开发的双通道单片功率放大集成电路，具有电路简单、音质好、电压范围宽等特点，可工作于立体声以及桥式放大（BTL）的电路形式下。TDA2822 采用双声道设计，其最大供电电压为 15V，最大电流 1.5A，最小输入电阻 100kΩ，当输入电压为 9V，输出电阻为 4Ω，频率为 1kHz 时，输出功率为 1.7W/声道。TDA2822 引脚排列图和内部结构图分别如图 8-9 和图 8-10 所示，引脚功能如表 8-5 所示。

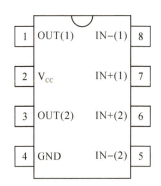

图 8 - 9　TDA2822 引脚排列图

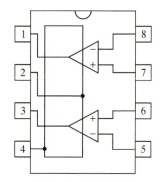

图 8 - 10　TDA2822 内部结构图

表 8 - 5　TDA2822 引脚功能

引脚号	符号	功能	引脚号	符号	功能
1	OUT$_1$	1 通道输出	5	IN－（2）	2 通道反相输入
2	V$_{CC}$	电源	6	IN＋（2）	2 通道同相输入
3	OUT$_2$	2 通道输出	7	IN＋（1）	1 通道同相输入
4	GND	地	8	IN－（1）	1 通道反相输入

（5）显示驱动 74HC595D。

74HC595D 是 8 位串行移位并行输出寄存器，带有三态输出和输出锁存功能。其引脚功能如表 8 - 6 所示，引脚排列图如图 8 - 11 所示。

表 8 - 6　74HC595D 引脚功能

引脚名	引脚号	说明
Q$_0$ — Q$_7$	15，1—7	并行数据输出口，即存储寄存器的数据输出口
GND	8	接地
Q$_7$'	9	串行输出口
nMR	10	芯片复位端（低电平有效）
SHCP	11	移位寄存器的时钟脉冲输入口
STCP	12	存储寄存器的时钟脉冲输入口
nOE	13	输出使能端（低电平有效）
Qs	14	串行数据输入端
U$_{CC}$	16	电源

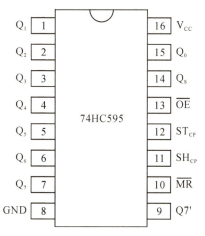

图 8 - 11　74HC595D 引脚排列图

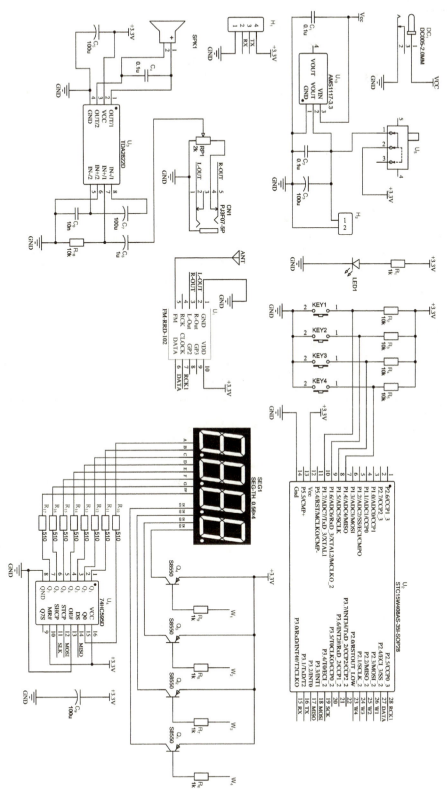

图 8-12 FM 收音机电路

2. 焊接安装

（1）元件清单（见表 8-7）。

表 8-7　元件清单

序号	名称	标号/Label	数量
1	74HC595D 芯片	U_3	1
2	4 位数码管	U_7	1
3	直插电阻 10kΩ	$R_2 \sim R_4/R_{16}$	5
4	直插电阻 1kΩ	$R_6/R_{17} \sim R_{20}$	5
5	直插电阻 510Ω	$R_7 \sim R_{14}$	8
6	卧式推动开关	P_5	1
7	2P 安卓 Micro 电源接口	DC	1
8	收音机拉杆天线	U_6	1
9	3.5mm 耳机插座	U_4	1
10	立式微动开关	$S_1 \sim S_4$	4
11	A56 按键帽	$S_1 \sim S_4$	4
12	STC15W408AS 单片机	U_2	1
13	TDA2822M 双音频放大器	U_9	1
14	直插电解电容 16V 100μF	$C_4/C_5/C_7/C_8$	4
15	直插三极管 S8550	$Q_3 \sim Q_1$	4
16	直插电解电容 50V 1μF	C_3	1
17	8Ω 喇叭	U8	1
18	收音模块 RDA5807M	U_1	1
19	精密电位器 200kΩ（204）	R_1	1
20	瓷片电容 104	$C_1/C_2/C_6/C_9$	4
21	3mm 发光二极管	D_1	1
22	AMS111 7-稳压芯片	U_{10}	1
23	8P IC 座	U_9	1
24	28P(窄体)IC 座	U_2	1
25	2P 红黑并线		1
26	电路板		1

（2）元件分布（见图 8 - 13）。

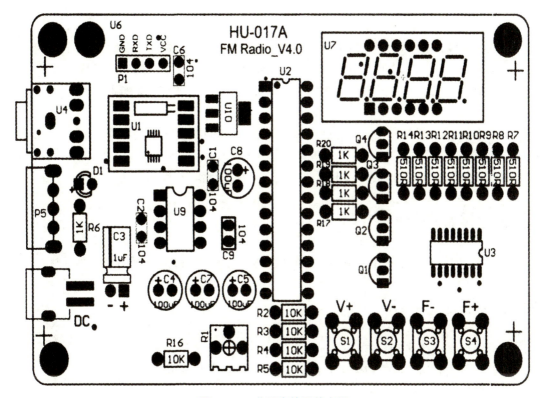

图 8 - 13　蓝牙音箱元件布局

（3）焊接步骤。

①焊接 74HC595D 贴片芯片（芯片凹点标记与丝印方向对应）；

②焊接收音模块 RDA5807M（晶振与丝印方向对应）；

③焊接 AMS1117 稳压芯片；

④焊接电阻，注意对应阻值；

⑤焊接 2P 安卓 Micro 电源接口；

⑥焊接精密电位器 $200\text{k}\Omega$（204）；

⑦焊接 3.5mm 耳机插座；

⑧焊接 3mm 发光二极管（注意管脚正负极）；

⑨焊接 8P IC 座和 28P（窄体）IC 座（底座缺口方向与 PCB 丝印对应）；

⑩焊接 104（$0.1\mu\text{F}$）瓷片电容；

⑪焊接 S8550 晶体三极管；

⑫焊接 $1\mu\text{F}$ 电容（卧倒安装）和 $100\mu\text{F}$ 直插电解电容；

⑬焊接 SS12F23 卧式拨动开关；

⑭焊接 3641BS 红色 4 位数码管和立式微动开关；

⑮把两个芯片放在平整的桌面、玻璃或瓷砖上向前按压，使芯片引脚与芯片 90°垂直或

稍微向内倾斜。两个芯片"U"形缺口标记与 PCB 丝印和芯片底座方向保持一致,垂直插入芯片底座并按压到底。

⑯收音天线固定。方式有两种:

一是把天线带孔一端放到 PCB 背面方形焊盘上,穿过最短螺丝,用螺母从正面固定。

二是先给 PCB 背面方形焊盘多加一点锡,然后放上天线带孔一端进行焊接。

⑰电池盒电源线先搓拧到一起,对应正负极焊接,再用双面胶把电池盒固定到 PCB 上。

⑱喇叭线对应正负极一端焊接到喇叭上,另一端焊接到 PCB,喇叭用双面胶固定在 PCB 上。

⑲收音机焊接完成后,两种供电方式只能选一种进行供电,然后开机测试。

三、实验设备和器材

万用表、电烙铁、镊子等工具,焊锡、LED 时钟套件、蓝牙音箱套件、收音机套件等材料。

四、思考题

1.焊接前有哪些准备工作?

2.使用万用表测试电阻和电容元件的参数,应注意哪些事项?

3.如何判别二极管的管脚极性?

4.芯片的管脚顺序如何判别? 芯片的安装过程应注意什么?

5.主要芯片焊接完成后,如何检查焊接是否完好? 为什么要检查通过后再进行下一步焊接?

6.元件的焊接顺序应该遵循哪些原则?

7.元件的安装方式有哪些?

实验九　常用电子仪器的初步使用

一、实验目的

1. 学习直流稳压电源的初步使用。
2. 学习信号发生器的初步使用。
3. 学习数字示波器的初步使用。

二、内容概述

在电子技术实验中,常用的电子仪器主要有:直流稳压电源、低频函数信号发生器、示波器和万用表等。使用这些仪器仪表可以对电子电路进行静态和动态测试。

1. 直流稳压电源的使用。

直流稳压电源是能为负载电路提供稳定的直流电源的电子装置。直流稳压电源的供电电源通常是交流电源,当交流电源的电压或负载发生变化时,要求稳压电源的输出电压应保持持续稳定。

稳压电源的基本功能包括:输出电压能够在额定输出电压值以下任意设定和正常工作;输出电流能够在额定输出电流值以下任意设定和正常工作;电源的稳压和稳流状态能够自动切换并有相应的状态指示;对输出的电压或电流值有精确的显示;具有完善的保护功能,在输出端发生短路、过载等异常情况时,能发挥保护作用,消除故障后能立即恢复正常工作状态。

稳压电源的主要技术指标包括通道数、最大输出电压、最大输出电流、总功率等。稳压电源通常提供三组独立输出通道,其中两组为可调输出通道,一组为固定输出通道。这三组输出通道既可各自独立使用,又可将两组可调输出通道进行串联或并联使用,并由一组主电源进行电压或电流跟踪,以获得更高的输出范围。串联使用时的最高输出电压可达两组电压额定值之和,并联使用时的最大输出电流可达两组电流额定值之和。

实验室使用的稳压电源型号是 SPD3303S,其详细使用方法和注意事项请查阅第一篇4.2.1节。

2. 信号发生器的使用。

信号发生器又称波形发生器或信号源,是一种能够产生多种频率、波形和输出电平信号的电子设备。输出的波形包括正弦波、方波、三角波、锯齿波、矩形波、噪声波,甚至任意波形。输出的频率范围可从几毫赫兹到几十兆赫兹。信号发生器通常具备可调频率、可调幅度和直流偏置、可调方波占空比和斜波对称度、频率扫描等主要功能。在测量元器件或电子设备的振幅特性、频率特性、传输特性及其它电参数时，用作测试的信号源或激励源，是电子工程领域中使用最广泛的测试仪器之一。

实验室使用的信号发生器型号是 SDG2000X，具备双通道、最大带宽 100MHz、采样率 1.2GSa/s 和 16－bit 垂直分辨率等主要性能。其详细使用方法和注意事项请查阅第一篇 4.2.2 节。

3.数字示波器的使用。

示波器是通过将输入的人眼无法直接观测的电信号转换为可视化的波形曲线，并显示在屏幕上用于分析和测量的电子仪器，是观察实验现象、分析实验问题、测量实验结果时必不可少的重要设备。主要分为模拟示波器和数字示波器。数字示波器由于具有更高分辨率、更易于使用、更丰富的测量和存储功能等优点，已逐步取代了传统的模拟示波器。

数字示波器的基本原理是首先通过模数转换器将被测的模拟信号转换为数字信号，然后将数字信号存储在内部存储器中。再通过软件编程，对存储的数字信号进行各种分析和处理。最终将处理后的信号以波形、图表等形式显示在屏幕上，用于进一步观察和分析。其结构主要包括采样、模数转换、数据存储和显示等模块。

实验室使用的数字示波器型号是 SDS1202X－E(2 通道)，其详细使用方法和注意事项请查阅第一篇 4.2.3 节。

4.正确的接线

(1)由于被测信号较小，为防止干扰，信号的传输应采用带金属外套的屏蔽线，而不能用普通导线。并且屏蔽线外壳要选择一点接地，否则有可能引入干扰，使测量结果和波形出现异常。

(2)各仪器仪表的接地端，应与电路的公共接地端连接在一起，既作为电路的参考零点(即零电位点)，同时又可避免相互干扰。在某些特殊场合，还需将一些仪器的外壳与大地接通，这样可避免外壳带电而确保人身和设备安全，同时又能起到良好的屏蔽作用。

三、实验设备

直流稳压电源、信号发生器、数字示波器、万用表、实验电路板

四、实验任务

1.用示波器测量直流电压信号

操作直流稳压电源使其输出一个"1.5V"的直流电压信号，使用数字万用表的合适量程确认输出。

打开示波器通道"耦合"菜单，选择耦合方式为"直流"或"DC"。用示波器测量该直流电压信号的电压值，并与万用表测量值进行对比。将测量结果记录在表 9－1 中。

测量时应注意示波器探头的衰减设置。

表 9－1　用示波器测量直流电压信号

示波器测量				万用表测量	
耦合方式	探头衰减	垂直挡位/div	测量值/V	量程/V	测量值/V

2.用示波器观测"探头补偿信号"

打开示波器通道"耦合"菜单,选择耦合方式为"直流"或"DC"。

将示波器探头的信号测试端连接到示波器补偿信号的输出端,探头接地端连接到补偿信号的接地端。用示波器测量该补偿信号的频率和幅度,将测量结果记录在表 9－2 中。

再将示波器通道的耦合方式切换为"交流"或"AC",观察并记录信号波形变化。

测量时应注意示波器探头的衰减设置。

表 9－2　用示波器观测探头补偿信号

波形	标称频率/Hz	实测频率/Hz	标称峰峰值/V	实测峰峰值/V

3.用示波器测量函数信号发生器的输出信号

使用信号发生器的两个输出通道,分别输出频率为 1kHz、有效值为 1V 的正弦波信号和 1.5V 的直流信号。

打开示波器通道"耦合"菜单,选择耦合方式为"直流"或"DC"。用示波器双通道分别测量上述两个信号的波形参数,将测量结果记录在表 9－3 中。

操作示波器前面板的"math"按键,选择"＋"运算模式,并将菜单中的"信源 A"和"信源 B"分别对应示波器两个通道。屏幕中将显示以"M"标志的运算后波形,观察并记录该信号的波形参数。

表 9－3　用示波器观测函数信号发生器的输出信号

	信号发生器输出的标称值		示波器测量值	
	频率/Hz	幅度/V	频率/Hz	幅度/V
正弦波				
直流信号				
Math 运算后的波形	——	——		

4.使用直流稳压电源、信号发生器完成指定功能电路的搭建和调试,并使用示波器观测各信号的波形参数,记录在表 9－4 中。

表 9-4　用示波器观测波形发生电路的输出信号

	频率/Hz	占空比/斜率（正、负）	最大值/V	最小值/V
方波				
三角波				
矩形波				
锯齿波				
三角波向上平移				
三角波向下平移				

如图 9-1(a)所示电路是常见的由集成运放构成的方波、三角波发生电路。其中，集成运放 A1 构成滞回比较器，将其输出信号 v_{o1} 作为输入，送入由 A2 构成的积分运算电路，就可在积分电路的输出端 v_{o2} 得到三角波。三角波又触发比较器自动翻转形成方波，这样即可构成方波与三角波发生电路。v_{o1} 与 v_{o2} 的波形如图 9-1(b)所示。

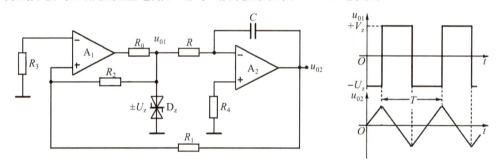

图 9-1　由集成运放构成的方波、三角波发生电路

在图 9-1 中，周期 $T=4RC\dfrac{R_1}{R_2}$，频率。

调节电路中的电阻 R 值，可以得到频率可变的方波或三角波。

改变电阻 R 所在支路，如图 9-2(a)所示。利用二极管的单向导电性，使积分电路两个方向的积分通路不同。调节电位器 R_p 滑动端的位置，则输出电压的上升和下降斜率就会不同，因此可以改变输出三角波的斜率，或者输出方波的占空比，从而得到矩形波与锯齿波，输出波形如图 9-2(b)所示。

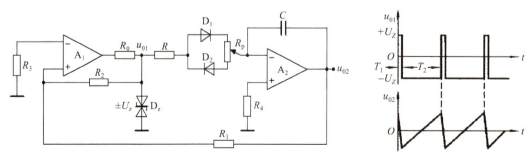

图 9-2　占空比可调或斜率可变的矩形波、锯齿波发生电路

进一步,调整图9-1中滞回比较器反相输入端的电位,如图9-3所示。调节电位器 R_p 滑动端的位置,可以改变输出三角波的直流偏置电压,使三角波上下平移,即改变了三角波的正负幅度对称性。

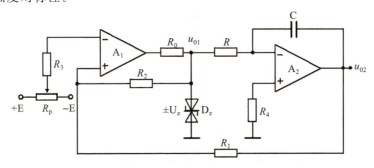

图9-3 改变滞回比较器反相输入端电平的电路

五、思考题

1.使用示波器测量一个有效值为1V的正弦波信号时,如出现以下情况:①无图像;②只有微小的杂乱波形,无正弦波形;③正弦波形左右移动不稳定。试说明可能的原因,应分别操作哪些功能按键加以解决?

2.用示波器测量电压信号幅值或周期的方法有哪些?它们在测量准确度上有什么区别?

3.用示波器观测直流电压信号与测量交流电压信号相比,在操作方法上有哪些不同?

4.用信号发生器输出一个最大值4V、最小值0V、频率1kHz的方波信号,应如何设置?用信号发生器输出一个1.5V的直流信号,又应如何设置?

附 录

Altium Designer 软件简介

20 世纪 80 年代晚期,第一个应用于电子线路设计的软件包 TANGO 推出,开创了电子设计自动化(EDA)的先河,人们纷纷采用计算机来设计电子线路。为了适应电子业的飞速发展,电子设计自动化 EDA 软件也是不断推陈出新。到了 90 年代,Protel 软件在业界开始崭露头角。1999 年,Protel 99SE 版本推出,提供了更高的设计流程自动化程度,进一步集成了各种设计工具,并引进了"设计浏览器"平台。设计浏览器平台允许对电子设计的各方面——设计工具、文档管理、器件库等进行无缝集成,它是 Altium 建立完全集成化设计系统理念的起点。Altium Designer 正是在这个基础上发展演变而来的。

Altium Designer 是一款集成了多种工具软件的设计平台,为开发电子产品提供全方位的设计环境。该软件包含的设计工具有:原理图和 HDL 设计输入、电路仿真、信号完整性分析、PCB 设计、基于 FPGA 的嵌入式系统设计和开发等。另外,可对 Altium Designer 工作环境加以定制,以满足用户的各种不同需求。

DXP 系统平台介绍

运行 Altium Designer 软件,实际上是一个 DXP 平台,其集成结构如附图 1 所示,它可以使各位工程师在进行电子设计工作时,应用接口自动地配置成适合的工作文本。这个功能意味着当你打开原理图文件,或是开始设计 PCB,或是进行电路仿真等工作的时候,与之相关的工具栏、菜单和快捷键都将被激活,并且可以被用户自定义成自己熟悉的排列方式。

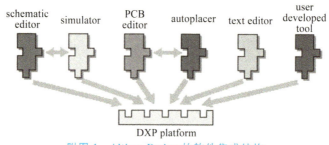

附图 1 **Altium Design** 的软件集成结构

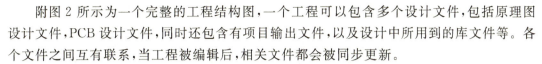

附图 2 所示为一个完整的工程结构图,一个工程可以包含多个设计文件,包括原理图设计文件,PCB 设计文件,同时还包含有项目输出文件,以及设计中所用到的库文件等。各个文件之间互有联系,当工程被编辑后,相关文件都会被同步更新。

工程是每项电子产品设计的基础。

• 工程将设计元素链接起来,包括原理图、PCB、网络表和预保留在项目中的所有库或模型。

• 工程能存储工程级选项设置,例如错误检查设置、多层连接模式和多通道标注方案。

• Altium Designer 允许您通过 Projects 面板访问与工程相关的所有文档。

• 可在通用的 Workspace(工作空间)中链接相关工程,访问与您目前正在开发的某种产品相关的所有文档。

• 在将如原理图图纸之类的文档添加到工程时,工程文件中将会加入每个文档的链接。这些文档可以存储在网络的任何位置,无须与工程文件放置于同一文件夹。

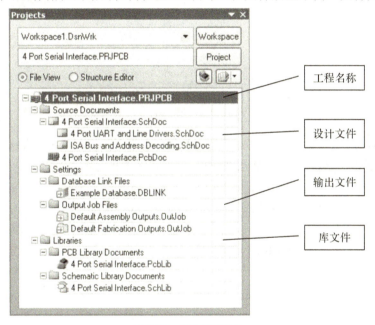

附图 2　工程结构图

Altium Designer 设计环境

Altium Designer 的操作环境主要由两个部分组成,如附图 3 所示:

• Altium Designer 主要文档编辑区域;

• Workspace 面板。

Altium Designer 有很多操作面板,默认设置下,一些面板放置在软件窗口的左侧,一些面板右侧可以弹出或自动隐藏,一些面板呈浮动状态,另外还有一些面板则为隐藏状态。

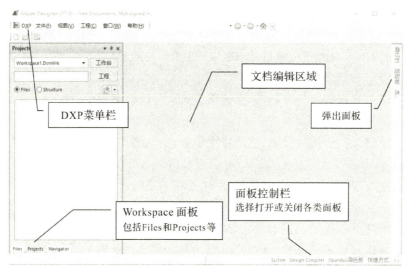

附图 3　Altium Designer 的操作环境

第一节　原理图设计初步

电路原理图的设计是电子设计的基础。本节介绍原理图绘制的基础知识，如新建原理图文件、原理图纸的设置、元件库的加载、元件的放置及属性操作等。我们将研究原理图编辑器的功能，学习怎么从最初的设置到元器件的放置、连线、设计检查和打印来创建单张原理图，展示怎样将一个设计画成原理图，并为 PCB 设计做准备。

1.1　绘制电路原理图的原则及步骤

附图 4 描绘了在 Altium Designer 中建立一个电路原理图时依照的常规工作流程。根据设计需求选择合适的元器件类型，并把所选用的元器件和相互之间的连接关系明确地表示出来，这就是电路原理图的设计过程。绘制电路原理图时，首先应保证电气连接正确，信号流向清晰；其次应使元器件的整体布局合理、美观、精简。

电路原理图主要由以下几部分组成。

（1）元器件：以元件符号的形式出现。

（2）导线：电路图中，元器件管脚之间的连接是通过导线来实现的，对应在 PCB 电路板上就是铜箔形成的线路。

（3）网络标号：实际上代表一个电气连接点，具有相同网络标号的点在电气上是连接在一起的。所以在电路图中，元器件之间的电气连接可以通过设置网络标号来代替实际走

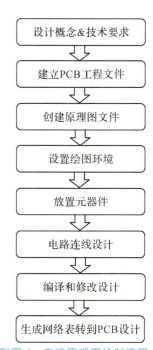

附图 4　电路原理图绘制流程

线,使电路图看上去更简洁。

(4)总线:是用一条线来表示数条并行的导线,但没有实际的电气连接意义。通过在其出入口连接的单一导线上放置网络标号,才能完成电气意义上的连接。

(5)端口:是一个具有电气特性的符号,和网络标号的作用类似。原理图中的端口可以和其他原理图中同名的端口建立一个跨原理图的电气连接。

(6)电源和信号地:用于标注原理图上的电源和信号地的符号,类似端口,并非实际的供电器件。

1.2 原理图的创建和设置

绘制电路原理图的前期工作包括创建原理图文件、设置原理图编辑环境和图纸的参数设置等。

1.2.1 创建原理图文件

AltiumDesigner 采用以工程为中心的设计环境。因此,要进行一个 PCB 电路板的整体设计,在开始电路原理图设计的时候,首先应创建一个新的 PCB 工程。

创建原理图文件有两种方法。

1.用菜单创建

执行菜单命令"文件"→"New"→"Project…",弹出 NewProject 窗口如附图 5 所示。选择"PCBProject"、"<Default>",在"Name"框内输入新文件名,在"Location"框内选定保存的文件夹位置,点击"OK"完成,如附图 6 所示。

附图 5　NewProject 窗口

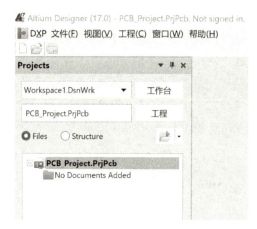

附图 6　Projects 工程面板

在 Projects 面板中,系统创建一个默认名为"PCB_Project. PrjPcb"的工程文件。如果需要重新命名或指定新的文件夹,可执行菜单命令"文件"→"保存工程为⋯",在弹出的保存对话框内进行修改。

当工程文件创建完成后,可执行菜单命令"文件"→"新建"→"原理图",可给该工程创建一张新的空白原理图文件(默认名称是"Sheet1. SchDoc"),同时打开原理图编辑环境,如附图 7 所示。执行菜单命令"文件"→"保存",弹出保存对话框,可更改保存路径或修改文件名保存。

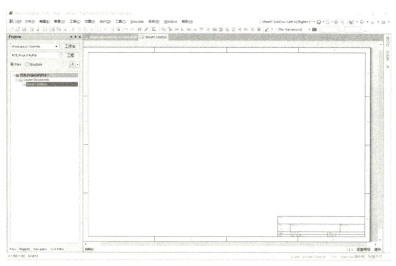

附图 7　原理图界面

2. 创建 Files(文件)面板

单击集成开发环境窗口左侧 Projects 面板下方的"Files"标签栏,打开 Files 面板,如附图 8 所示。执行"BlankProject(PCB)"命令,弹出如附图 6 所示的 Projects 面板。回到 Files 面板单击 SchematicSheet 命令,系统将在当前工程文件(. PrjPcb)下创建新的原理图文件,如附图 7 所示。

附图 8　Files 文件面板

1.2.2　原理图编辑器

当你新建一个原理图或打开一个已有原理图的时候,就会打开原理图编辑器。原理图编辑器主要包括菜单栏、多重工具栏、编辑窗口、面板控制中心和坐标等,如附图 9 所示。

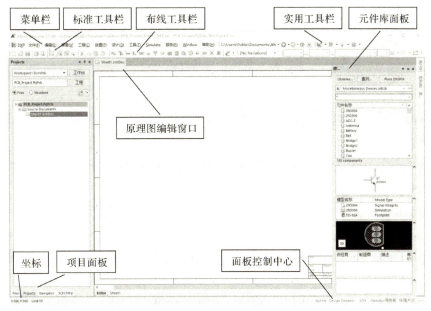

附图 9　原理图编辑环境

1. 菜单栏

在原理图编辑器中，主菜单栏如附图 10 所示。

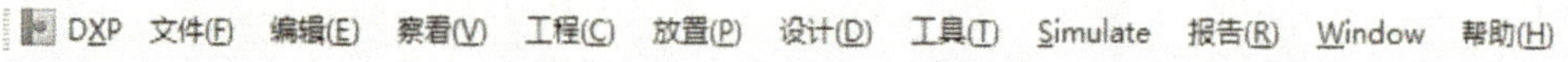

附图 10　原理图编辑环境下的主菜单

在主菜单栏中可以完成对原理图的所有编辑。需要强调的是：Altium Designer 在处理不同文件类型时，主菜单栏的内容会发生相应的改变。以下这些工具栏的打开或关闭，可以通过菜单命令"察看"→"Toolbars"→"*"来执行。

2. 原理图标准工具栏

与其他 Windows 软件一致，标准工具栏为用户提供一些常用的文件操作，如创建、打开、存盘、复制、粘贴等，如附图 11 所示。

附图 11　原理图标准工具栏

3. 布线工具栏

主要完成在原理图中放置元器件、电源端口、图纸符号和网络标签等操作，还有元件间的连线和总线绘制的工具按钮，如附图 12 所示。

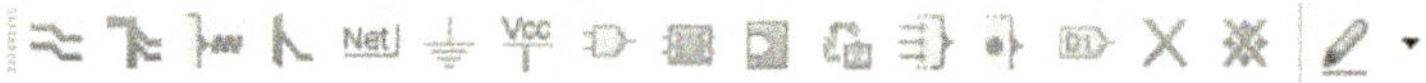

附图 12　布线工具栏

4. 实用工具栏

如附图 13 所示，从左向右分别是实用工具、排列工具、电源和栅格。

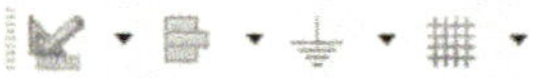

附图 13　实用工具栏

5. 编辑窗口

原理图编辑窗口就是设计和绘制电路原理图的工作区。需要完成元器件的放置，以及元器件之间的电气连接等工作。可以通过"PgUp""PgDn"按键，或者是按住"Ctrl"键调节鼠标滚轮，实现对窗口的放大或缩小，该窗口放大后能看到栅格的背景，可以帮助用户对元器件的准确定位。

6. 坐标和面板控制中心

在编辑窗口下方，如附图 14 所示。左下角显示鼠标指针当前位置的坐标参数和栅格的捕捉值。右下角是一排主工作面板，用来开启和关闭各种工作面板，常用的有"Projects"面板和"库"面板。

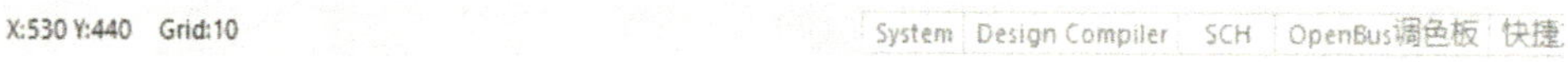

X:530 Y:440　Grid:10

System | Design Compiler　SCH　OpenBus调色板　快捷

附图 14　面板控制中心

1.2.3 原理图图纸设置

为了符合原理图绘制的要求,需要对原理图图纸的参数和设计信息进行相应的设置。在原理图编辑窗口中,通过执行菜单命令"设计"→"文档选项…",或是鼠标左键双击图纸的版边,弹出"文档选项"对话框,如附图 15 所示。

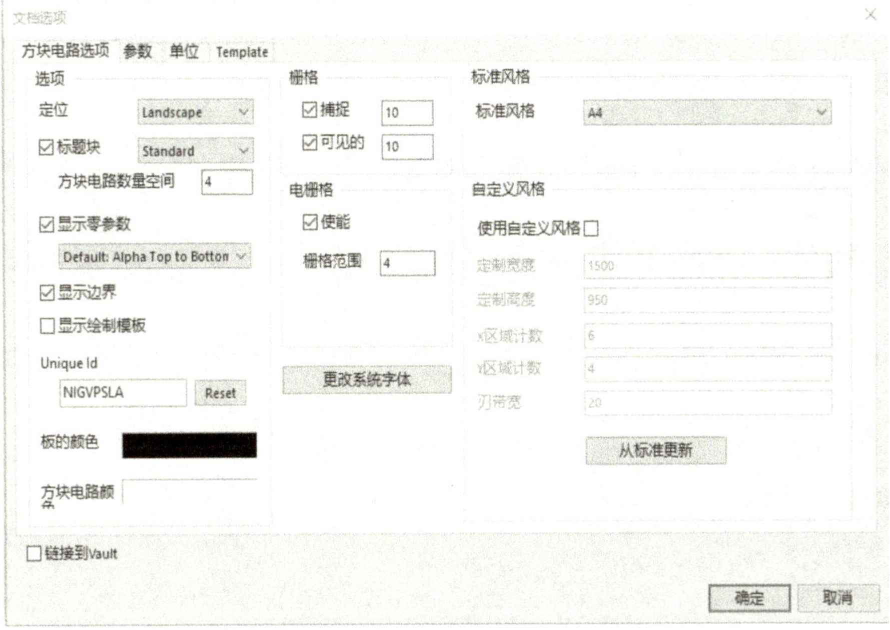

附图 15 "文档选项"对话框

下面介绍其中常用的选项设置。

1. 标签页:方块电路选项

标签页主要用于设置图纸的大小、方向、标题栏和颜色等参数。

【标准风格】:单击其右侧的下拉按钮,可以选择已定义好的标准图纸尺寸,有公制图纸尺寸(A0~A4)、英制图纸尺寸(A~E)、ORCAD 标准尺寸(ORCADA~E),以及一些其他格式。

【自定义风格】:如果标准图纸尺寸不能满足用户需求,可以自定义图纸大小,即选中"使用自定义风格"复选框,可以在五个文本框中分别输入自定义的图纸尺寸。

【选项】:

定位:设置图纸的放置方向,如横向或纵向。

标题块:选中后,单击右侧下拉菜单,可以选择【Standard】和【ANSL】。注意这通常只是在没有使用模板的时候使用。

板的颜色和方块电路颜色:允许设置边框颜色和页面的背景颜色。鼠标单击颜色框就会弹出"选择颜色"对话框。

【栅格】:允许设置对齐捕捉栅格和可见栅格的大小和开关。

原理图编辑窗口放大后,图纸背景上的栅格为元器件的放置和线路的连接带来方便,用户可以轻松完成元器件排列和布线的整齐化,极大提高了设计速度和编辑效率。

捕捉值是指光标移动的最小单位，可见值是指图纸上栅格间距的最小单位。若两个设置值相同，那么光标每次移动的距离刚好是一个栅格，光标将始终落在栅格的交叉点上。

【电栅格】：通过使能复选框可以打开和关闭电气栅格，并设置电气栅格的范围。

当电气栅格打开时，在执行一个支持电气栅格的命令时，鼠标会跳到对象的关键点而忽略栅格捕捉。比如：执行"放置"→"线（W）"命令进入布线状态，当光标移动到一个电气节点（如引脚端）的电气栅格范围内时，光标会自动移动到那个节点上，确保线路与引脚的无缝对接。

2.标签页：参数

图纸设计信息记录了电路原理图设计信息和更新记录，这项功能可以使用户更系统、更有效地对电路图纸进行管理。

选择"参数"标签，图纸设计信息设置的具体内容，如附图16所示。

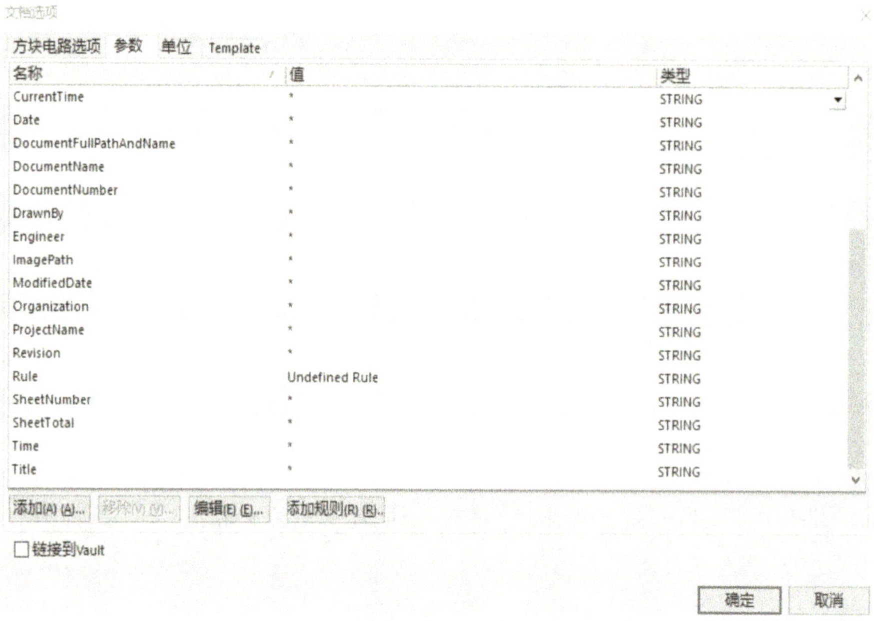

附图16　图纸设计信息管理界面

默认的特殊字符串在下表列出，如果设计需要，也可以自己创建合适的参数。

Special String	Description	Special String	Description
＝Address1	地址 1	＝DrawnBy	绘制者
＝Address2	地址 2	＝Engineer	工程师名字
＝Address3	地址 3	＝ImagePath	图片路径
＝Address4	地址 4	＝Modified Date	最后修改时间（自动输入）
＝ApprovedBy	项目负责人	＝Organization	组织名称
＝Author	设计者	＝Revision	版本号
＝CheckedBy	审核人	＝Rule	规则描述

续表

Special String	Description	Special String	Description
=CompanyName	公司名称	=SheetNumber	原理图页面数
=CurrentDate	系统日期（自动输入）	=SheetTotal	工程中原理图页面统计数
=CurrentTime	系统时间（自动输入）	=Time	时间（非自动更新）
=Date	日期（非自动更新）	=Title	页面标题
=DocumentFullPathAndName	档案名称和档案的完整路径（数值自动输入）	=DocumentName	档案名称不包括路径（数值自动输入）
=DocumentNumber	文件编号		

3.标签页：单位

用于设置使用英制单位系统或公制单位系统，如附图 17 所示。

附图 17 "图纸单位设置"选项卡

- 英制单位系统

Mils：1mil＝1/1000inch（英寸）＝ 0.0254mm（毫米）

Inches：英寸，1 inch ＝ 2.54 cm

DxpDefaults：DXP 默认，1＝10 mil

Auto－Imperial：自动英制，500mil 以下采用 Mils，500mil 以上采用 Inches

- 公制单位系统

Millimeters：mm（毫米）

Centimeters：cm（厘米）

Meters：m（米）

Auto－Metric：自动公制

1.2.4 原理图系统环境参数的设置

系统环境参数的设置是原理图设计过程中的重要一步，用户根据个人的设计习惯，设置合理的环境参数，将会大大提高设计的效率。执行"工具"→"设置原理图参数…"菜单命令，打开"参数选择"对话框，如附图 18 所示。该对话框有多个选项卡，包括 General（常规设置）、GraphicalEditing（图形编辑）、Compiler（编译）、Grids（网格）等。

附图 18 "参数选择"对话框

1.3 元件库的装载及浏览

本节主要介绍 Altium Designer 元件库。

1.3.1 元件库介绍

电路原理图由大量的元器件构成，绘制电路原理图主要就是在编辑窗口中不断放置元器件的过程。但元器件的数量庞大、种类繁多，因而需要按照不同生成厂商及不同的功能类别分类存放在不同的文件当中。库文件就是这类专门存放元器件的文件。

在 Altium Designer 中,元件库可作为独立的文档存在,如原理图库(＊.SchLib)包含原理图符号、PCB 库(＊.PcbLib)包含 PCB 封装模型等。Altium Designer 还支持集成元件库(＊.IntLib)的创建及使用。所谓集成元件库,就是将各元器件绘制原理图时的元件符号、绘制 PCB 时的封装、模拟仿真时的 SPICE 模型以及电路板信号分析时用的 SI 模型集成在一个元件库中,使得设计者在设计完成原理图后,进行 PCB 设计或电路仿真时可以直接进行,而无须另外加载元件库。

1.3.2 库面板介绍

用鼠标单击弹出面板栏的"库..."标签,可打开库面板。也可在底部面板控制栏中点击"System",选中"库..."打开,如附图 19 所示。

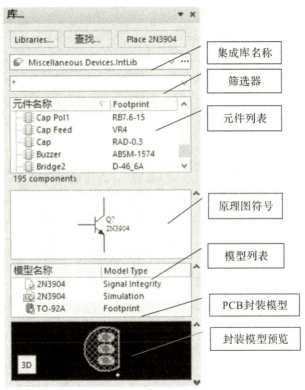

附图 19　库面板

集成库在库面板中显示内容包括集成库名称、库中元件列表、元件的原理图和符号图、连接的各种模型以及模型显示。库面板中给出的元件都是可以放置使用的。

（1）Libraries 按钮显示"可用器件库"对话框,可进行加载和卸载元件库的操作。

（2）筛选器用于输入要查询的元器件相关的内容,帮助用户快速查找。例如 RES ＊ 将只显示开头为 RES -的元件名称。

（3）可以在元件列表框中直接输入,当您输入时,类型提前功能将自动在列表框内跳出相关元件,按"Esc"键可提前停止执行类型提前操作。

（4）单击元件的名称,将在面板的正中间显示元件符号,下面的列表显示关联的模型,而且在列表下面还显示被选中的封装模型。

（5）Place 按钮放置当前选定的元件。也可双击该元件名称来执行此操作。

（6）查找按钮是一个强有力的搜索工具，允许您搜索库中的器件。单击此按钮弹出库搜索对话框。

（7）如果一个元件有几个部分，sub－parts 将显示在符号库的迷你浏览器中。

（8）在元件列表栏或模型列表栏按鼠标右键，可以选择显示哪些列。

1.3.3 元件库的装载及浏览

在库面板点击"Libraries"按钮，或者执行菜单命令"设计"→"添加/移除库"，弹出"可用库"对话框，如附图 20 所示。

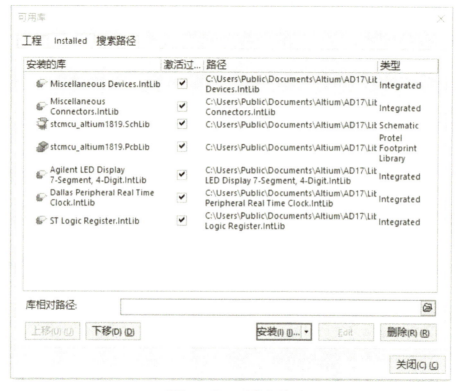

附图 20 "可用库"对话框

"Installed"选项卡列出了当前已安装的元件库，并且可以对元件库进行管理操作，包括元件库的安装、卸载、激活以及顺序调整。

注意：

•"工程"选项卡与"Installed"选项卡类似，操作也相同，唯一的不同在于"Installed"选项卡加载的元件库对软件打开的所有工程有效，而"工程"选项卡中加载的元件库仅对本工程有效。

•如果库文件在本工程中，库文件会被自动罗列出来。

•"搜索路径"选项卡可以在指定路径中搜索元件库。

1.4 元件的操作

1.4.1 元器件的查找

系统提供两种查找元器件的方式：

一种是在加载的元件库中查找，可以在筛选器中输入关键字加通配符过滤，支持通配符有"？"和"＊"。

另一种是当不知道元件位于哪个库中时，利用库面板上的元件查找功能，找到元器件并加载相应的元件库。具体操作如下：点击库面板上"查找…"按钮，或者执行菜单命令"工具"→"发现器件"，弹出"搜索库"对话框，如附图 21 所示。

附图 21 "搜索库"对话框

1.4.2 元器件的放置

放置一个元器件，仍旧通过库面板来完成。首先从库文件下拉列表中选择元件库文件，之后在相应的元件名称列表框内选择需要的元器件。例如，选择元件库"Miscellaneous Devices. IntLib"，选择库内的元器件"Res1"，此时库面板右上方的"Place Res1"按钮被激活，单击该按钮，或者直接双击元件名称"Res1"，相应的元器件符号就会自动出现在原理图编辑窗口内，并随十字大光标移动，如附图 22 所示。

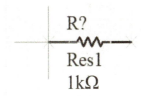

附图 22 元器件的放置

此时按下"TAB"键可以对该元件的参数进行设置，如果暂时无须设置参数，可以移动到放置位置后，单击鼠标左键完成一次该元器件的放置，如果需要放置多个相同的元器件，只需多次移动点击，连续操作。单击鼠标右键则退出放置状态，选择下一个元器件进行放置或其他操作。

1.4.3 元器件的属性设置

在原理图中放置的所有元器件都具有自身的特定属性，如标识符、注释、位置和元件封装等，如前所述，如果是多个相同参数的元件，可以在元件放置前按"TAB"键完成设置，更多时候是在放置好每个元器件后，对各个元器件进行编辑和设置，以免后续编译生成网络表时带来错误。

1.手动标注

可以通过鼠标双击编辑窗口中的元器件，或者执行菜单命令"编辑"→"改变"，此时编辑窗口内光标变成了大"十"字，然后将光标移到需要编辑属性的元器件上，单击鼠标左键，系统就会弹出该器件的"属性设置"对话框。仍以电阻 RES1 为例，如附图 23 所示。

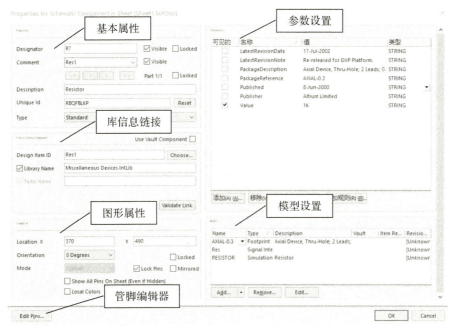

附图 23　元器件"属性设置"对话框

"Designator"元器件标号，选中 Visible 复选框，原理图中会显示该元器件的标号，方便对元器件进行区分。元器件的标号是唯一的，同一个工程文件的原理图中，不能有重复的元器件标号。标号的默认形式是字母加数字编号，不同类型的元器件以不同字母区分，通常电阻为"R?"，电容为"C?"，芯片为"U?"；相同元器件以字母后的数字编号区分，即把"?"改成数字"1"，再次放置可以使数字递增。

"Comment"元器件的注释说明。通常不选后面的 Visible 复选框，这样原理图的布局更简洁清晰。

"Parameters"参数设置区域。通常"Value"参数默认显示，用来设置元器件的参数值，例如电阻值"1k"。

其余参数一般采用默认设置，无须修改。"Library Link"主要显示该元器件所在库文件名称和该元件的名称。"Graphical"区域用来显示元器件的坐标位置及外观属性。

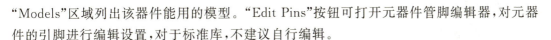
"Models"区域列出该器件能用的模型。"Edit Pins"按钮可打开元器件管脚编辑器,对元器件的引脚进行编辑设置,对于标准库,不建议自行编辑。

2.自动标注

通常情况下,电路原理图由许多元器件构成,如果用手动方式标注,效率低下,而且容易出现遗漏、标注号不连续或重复标注的现象。为了避免上述错误,可以使用系统的自动标注功能来轻松完成对元器件的标注。

执行菜单命令"工具"→"Annotation"→"注解",系统就会弹出原理图注释配置对话框,如附图 24 所示。

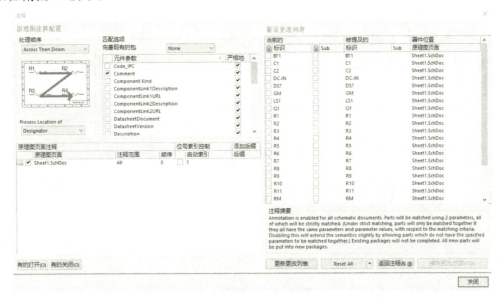

附图 24 "原理图注释配置"对话框

对话框包含处理顺序、匹配选项、原理图页面注释和提议更改列表四个部分。

• 处理顺序:单击下拉按钮,系统给出四种标注方案。按照元器件在原理图中的排列位置,分别是:

Up Then Across:先从下到上、再从左到右的顺序;

Down Then Across:先从上到下、再从左到右的顺序;

Across Then Up:先从左到右、再从下到上的顺序;

Across Then Down:先从左到右、再从上到下的顺序。

• 匹配选项:用于选择元器件的匹配参数,在下面的列表框中列出了多种元器件参数供用户选择。

• 原理图页面注释:用来选择要标注的原理图文件,并确定注释范围、起始索引值及后缀字符等。

• 提议更改列表:用来显示元器件的标识在更改前后的变化,并指明元器件所在原理图的名称。

1.5　绘制原理图

在原理图中放置好元器件，并编辑完元器件的属性之后，就可以着手连接各个元器件，建立与原理图的实际连接。这种连接，实际上是电气意义的连接。电气连接有两种实现方式：一种是直接用导线（Wire）将各个元器件连接起来，称为"物理连接"；另一种是通过设置网络标号或端口使得元器件之间具有电气连接关系。

1.5.1　电气连接工具

电气对象包含零件和连接要素，例如导线、总线、连接端口，原理图中这些对象用来产生网络表，网络表在不同的设计工具中能够传递电路和连接信息。

（1）使用布线工具按钮来放置电气对象，即布线工具栏，如附图 12 所示。

（2）所有布线工具按钮的功能也可以在"放置"菜单下选择。如附图 25 所示。

1.5.2　元器件的电气连接

1. 电气连接线 Wires

元器件之间的电气连接，主要通过导线来完成。导线不同于一般的绘图连线，导线具有电气连接的意义，而连线没有。

• 选择放置电气连接线工具按钮 ，或执行菜单命令"放置"→"线（W）"。

• 电气连接线主要用来连接两个电气点之间的关系。布线状态下移动光标，移至元器件管脚时，光标会自动捕捉到引脚上，同时光标变成红色"米"字状，单击鼠标左键即为连线起始点。拖动光标走线，当光标移至另一个器件管脚时，光标变成红色"×"状，单击鼠标左键确定终点，完成一段布线。此时光标仍在布线状态，可继续下一条布线。按"ESC"键或是单击鼠标右键则退出绘制导线状态。

• 当起始两点不在一条直线上时，线路会自动转弯一次，想要多次转弯可以在转弯处单击鼠标左键一次，形成一个节点。或是按住鼠标左键并且按住"INSERT"键移动光标走线。

• 系统默认是垂直走线，按下空格键可改变直角转弯的方向。按下"Shift"＋空格键，可以在水平直角、45°斜线、任意角度和自动布线之间切换走线模式。

• 退格键可以删除上一段所放置的导线。

• 导线结束点必须在电器对象的连接点上。例如，导线的结束点必须落在引脚的连接点上。

• 导线有自动节点的功能。假如导线的起点或终点落在其他导线上，或是导线跨过引

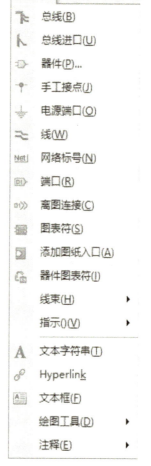

附图 25　放置菜单命令

脚的连接点,会自动产生节点。

2.总线 Buses

•总线可以图形化地表现一组连接在原理图页面上的相关信号的关系,如数据线。它们用于集中属于同一页面上的总线信号并把这些信号连接到页面的输入输出端口。在这种情况下,它们必须含有这种格式的网络标号,比如 D[0..7],如附图 26 所示。

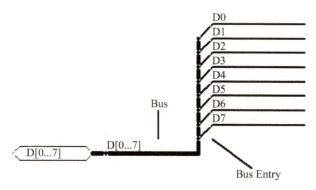

附图 26　总线以及总线分支

•选择放置总线工具按钮,或执行菜单命令"放置"→"总线"。摆放总线跟 Wire 方法相同,按下空格键可改变摆放模式,按退格键可删除最后一个拐点。摆放模式的快捷键指令和导线也相同

•总线只表示连接端口和页面接入端点之间的连接。

3.总线分支 Bus Entries

总线分支用来连接总线和导线。

放置总线进出口:

①保证连接线可以画在适当的工作格点上。

②选择放置总线分支工具按钮 ,或执行菜单命令"放置"→"总线进口"。

③按下空格键改变总线分支的角度。

④按下左键确定总线分支的位置。

⑤右键结束指令。

总线分支是可以自由选择的,用户通常喜欢使用 45°的斜线。

4.网络标号 Net Labels

网络标号让网络易于识别,并为没有通过电气导线连接的相同网络管脚提供一种简单的连接方法。在同张图纸中有相同网络称号的导线之间是互相连接的,在某些情况下,同一个项目中所有相同的网络标号的电气导线要连接在一起。

•所有网络标号在网络上必须相同,网络标签名是区分大小写的。

•结合网络标号到导线上,只要放置时基准点(左下角)在导线上即可。

•当放置网络标号时电器格点处于激活状态。

•假如最后一个字符在网络称号中是数字的话,在摆放下一个网络标号时它将会自动递增。

放置网络标号：

①在工作格点上摆放网络标号。

②选择放置网络标号工具按钮 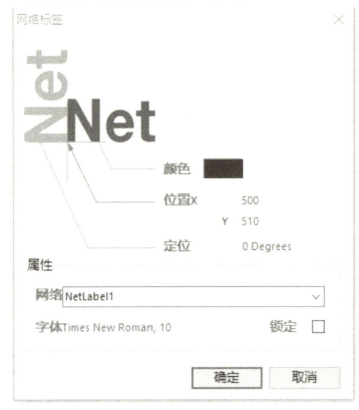，或执行菜单命令"放置"→"网络标号"。

③按下 TAB 设定网络标号的字体，如附图 27 所示。

附图 27　"网络标签"对话框

④点击下拉菜单可显示已经存在于图纸上的网络名称，或输入新的网络名称再点击"确定"。

⑤按下空格键可旋转网络标号。

⑥点击左键确定网络标号位置。

⑦右键结束指令。

注意：在放置网络称号时可将鼠标移动到已经存在的文字上按下"Insert"快捷键便可复制文字到网络称号内。

5．电源端口 Power Ports

• 工程中具有相同网络特性的所有电源连接端口都会被连接起来。

• 要连接到电源连接端，请确定导线已连接到电源连接端口的连接脚上。

• 电源连接端口的形态只能改变外形，它不会影响连接特性。

• 电源连接端口将连接到相同网络名称的隐藏管脚，与使用的网络标识范围无关。

• 布线工具栏工具按钮中的电源连接端口工具按钮只可以放置单个电源连接端口，要改变这特性并放上多种连接端口,可以编辑此按键,增加一个参数 Repeat＝True。

放置电源连接端口:

①选择工具按钮中 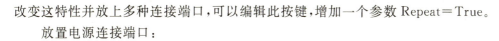 ,或执行菜单命令"放置"→"电源端口"。

②按下 TAB 键或双击端口,打开"电源端口"对话框,设定电源端口类型和网络名,如附图 28 所示。

③按下左键确定电源端口的位置。

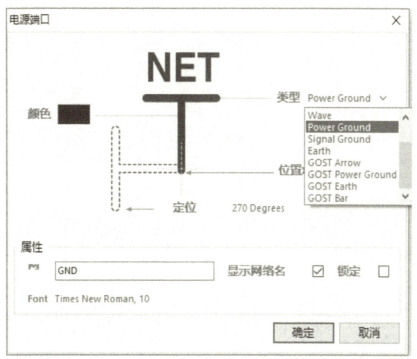

附图 28 "电源端口"对话框

6.连接端口 Ports

- 连接端口提供一个信号的连接方法,从一张图指向另一张图纸。
- 点击网络名称的向下按键可列出在图纸上所有的网络名称。
- 连接端口的 I/O 类型可以利用 ERC 来检查连接错误。
- 连接端口的形态只改变外观。

放置连接端口:

①选择放置端口工具按钮 ,或执行菜单命令"放置"→"端口"。

②按下 TAB 键"打开端口属性"对话框,设定端口相关属性,如附图 29 所示。

③按下空格键旋转或按下 X 或 Y 键做翻转。

④左键确定 Port 一端的位置拖移鼠标设定 Port 的长度,再按下左键完成 Port。

⑤右键停止放置 Ports。

注意:连接端口的方向将会自动定义,主要基于连接的网络特性。请将 Preference 中 General 下的"端口方向"选项使能。

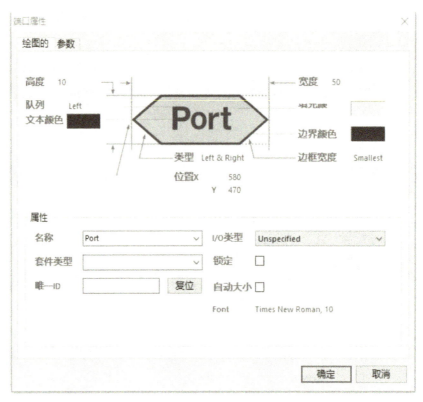

附图 29　连接"端口属性"对话框

7. 电气节点 Junctions

• Altium Designer 软件在有效的连接点上会自动产生节点，包括导线"T"形连接状况及导线跨过引脚端点。导线十字交叉不会自动添加连接点。

• 十字交叉可以通过添加手动交叉点强制连接，手动交叉节点可以执行菜单命令"放置"→"手工接点"，点击鼠标左键放置，显示是一个红点。

• 自动节点显示设定是在参数设置的"Schematic"→"Compiler"栏下。

8. 忽略电气规则检查 No ERC Marker

电气规则检查 electrical rule check，ERC，可以帮助设计者找出电路中常见的连接错误，但电路中有些元器件或连接是不符合 ERC 的，需要避开检查。

• 摆放一个 No ERC 符号在电路节点上，将对摆放点禁止警告和错误报告，这个标记不会打印出来。

• 选择 Place No ERC 工具图标按钮 ✕，或是执行菜单命令"放置"→"指示"→"GenericNoERC"。点击鼠标左键摆放 No ERC 在零件管脚上或是已存在的 ERC 标记上，按鼠标右键退出此指令。

1.6　编译项目及查错

在 Altium Designer 设计过程中，编译项目是一个很重要的环节。编译时，系统会根据

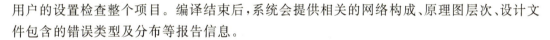

用户的设置检查整个项目。编译结束后,系统会提供相关的网络构成、原理图层次、设计文件包含的错误类型及分布等报告信息。

1.6.1 设置项目选项

选中项目中的设计文件,执行菜单命令"工程"→"工程参数",将打开"Options for PCB Project"对话框,如附图 30 所示。

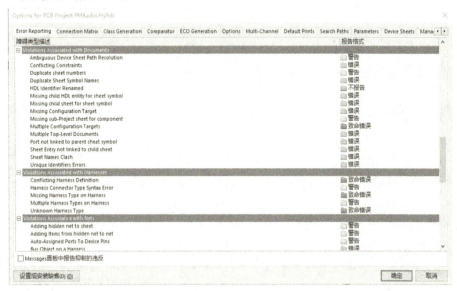

附图 30 **Options for PCB Project** 对话框

"Error Reporting"(错误报告类型)选项卡可以设置所有可能出现的错误报告类型。报告类型分为错误、警告、致命错误和不报告四种级别。

"Connection Matrix"选项卡用来显示设置的电气连接矩阵。

"Comparator"选项卡用于显示比较器。

在这里,我们就不做详细介绍了。

1.6.2 编译项目

在完成项目选项设置后,执行菜单命令"工程"→"CompileDocument …",系统将生成编译信息报告,如果有错误信息,会自动弹出信息报告窗口。

第二节　PCB 设计初步

印制电路板(PCB)设计是从电路原理图变成一个具体电子产品的必经之路。因此,印制电路板设计是电路设计中的最关键一步。Altium Designer 中,印制电路板设计是一个集成了板层管理、自动布线、信号完整性分析等强大功能的设计系统,这里将从创建 PCB 文件开始,简要介绍 PCB 绘制的具体流程,如附图 31 所示。

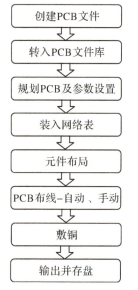

图 31　印制电路板设计流程

2.1　创建 PCB 文件

在 Altium Designer 系统中,可以采用两种方法创建 PCB 文件,一种是使用系统提供的新建电路板向导,另一种是通过执行相应的菜单命令自行创建。这里我们介绍第二种方法。

在原理图绘制时,我们已经创建了项目工程文件,在此基础上,执行菜单命令"文件"→"新建"→"PCB",可以新建一个后缀是.PcbDoc 的文件。这样创建的 PCB 文件,其各项参数均采用系统默认值,而在实际应用中,设计者还需要进行全面的设置。

2.2　PCB 设计环境

在创建或者打开一个 PCB 文件后,则启动了 Altium Designer 系统的 PCB 编辑器,进入其设计环境,如附图 32 所示。

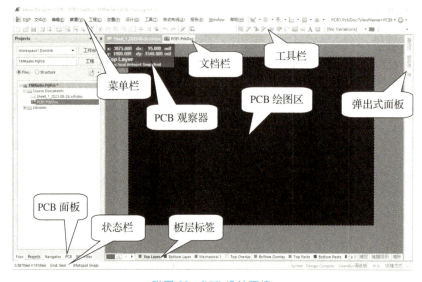

附图 32　PCB 设计环境

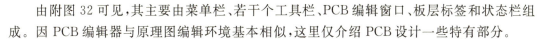

由附图 32 可见,其主要由菜单栏、若干个工具栏、PCB 编辑窗口、板层标签和状态栏组成。因 PCB 编辑器与原理图编辑环境基本相似,这里仅介绍 PCB 设计一些特有部分。

• 布线工具栏:如附图 33 所示,PCB 布线工具栏提供了各种各样实际电气走线功能。该工具栏中各个按钮功能,从左往右依次是:选中对象自动布线、交互式布线、交互式布多根线、差分对布线、放置焊盘、放置过孔、放置圆弧、放置填充区、放置敷铜、放置文字、放置元件。

附图 33　PCB 布线工具栏

• 公用工具栏:如附图 34 所示,PCB 公用工具栏提供电路板设计过程中的编辑、排列等操作命令。该工具栏中每个按钮均对应一组相关命令,具体功能从左往右依次是:绘图及陈列粘贴等、图件的排列、图件的搜索、各种标示、元件布置区间、网格大小设定。

附图 34　PCB 公用工具栏

• 板层标签:如附图 35 所示,板层标签栏中列出了当前 PCB 设计文档中所有的层,各层用不同的颜色表示。单击各层的标签可在各层之间切换,具体的电路板板层通过板层堆栈管理器进行设置和管理。

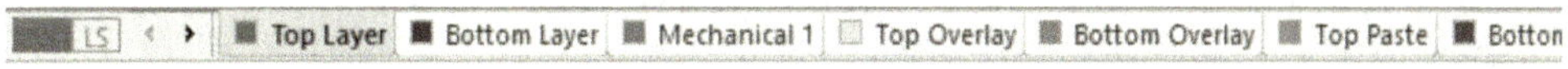

附图 35　板层标签栏

执行菜单命令"设计"→"板层颜色…",可以打开"视图设置"对话框,其中列出了当前 PCB 设计文档中的所有层,如附图 36 所示。根据各层面功能的不同,系统的层大致分为六大类:

(1)信号层(Signal Layers):用于布置电路信号的走线。Altium Designer 可以提供多达 32 个信号层,对于通常使用的双面 PCB 板,当前存在的信号层是:顶层(Top Layer)和底层(Bottom Layer)。

(2)内电层(Internal Planes):可用于布置电源线和地线。Altium Designer 可以提供 16 个内电层,当前双面板设计中没有使用内电层,所以显示为空。

(3)机械层(Mechanical Layers):一般用于放置有关制板和装配方法的指示性信息。Altium Designer 可以提供 16 个机械层。

(4)防护层(Mask Layers):用于保护电路板上不需要上锡的部分,有阻焊层(Solder Mask)和锡膏防护层(Paste Mask)之分,且顶层和底层上均可添加。

(5)丝印层(Silkscreen):用于绘制元件的外形轮廓、放置元件的编号和其他文本信息。Altium Designer 提供 2 个丝印层,即顶层丝印层(Top Overlay)和底层丝印层(Bottom O-verlay)。

(6)其他层(Other Layers):主要包括禁止布线层(Keep OutLayer)、钻孔位置层(Drill Guide)、钻孔图层(Drill Drawing)和多层(Multi Layer)。

附图 36 "板层显示"对话框

• PCB 设计面板：如附图 37 所示，PCB 设计面板可以对 PCB 电路板中所有网络、元件、设计规则等进行定位或设置属性。在面板上部的下拉框中可以选择需要查找的项目类别，单击下拉框可以看到系统支持的所有项目分类，如附图 38 所示。

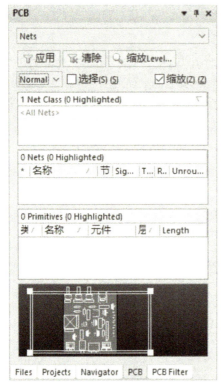

附图 37 PCB 设计面板

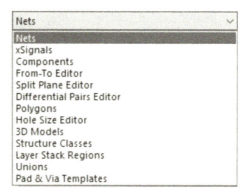

附图 38 项目选择

• PCB 观察器:当光标在 PCB 编辑器绘图区移动时,绘图区的左上角会显示出一排数据,可以跟踪显示光标所处位置的网络和元件信息。

2.3 电路板规划

电路板设计之前,首先要确定电路板的形状和尺寸。电路板规划就是确定电路板的板边形状和尺寸,即物理边界;界定电路板上元器件放置和布线的区域范围,即电气边界。

2.3.1 物理边界设定

首先执行菜单命令"察看"→"BoardPlanningMode",电路板变成绿色,再执行菜单命令"设计",会出现有关定义电路板形状的 5 个菜单项,如附图 39 所示。

- 重新定义板形状
- 移动板子顶点
- Modify Board Shape
- 移动板子形状
- Move Board

2.3.2 电气边界设定

在 PCB 板元器件自动布局和自动布线前,需要界定元器件放置和布线的区域范围。设定电气边界具体操作如下:在设定了物理边界之后,执行菜单命令"放置"→"禁止布线"→"线径",光标变

附图 39 定义 PCB 板形状

成十字形,按下"Tab"键,在当前层中选择"Keep→Out Layer"(禁止布线层),在 PCB 板绘图区内,绘制出一个封闭的区域。绘制完成后,单击鼠标右键退出,这样该封闭区域内就不能布线,PCB 板的电气边界就设定完成了。

2.4 载入网络表

加载网络表,即可将原理图中的元件封装尺寸以及元件间的相互连接关系输入 PCB 编辑器中,实现原理图向 PCB 的转化,以便进一步布板。

要将电路原理图中的设计信息加载到新建的 PCB 文件之前,需要完成以下准备工作:

(1)对项目中绘制的电路原理图进行编译检查、验证设计,确保电气连接的正确性和元件封装的正确性。具体操作已在原理图章节介绍过。

(2)确认与电路原理图和 PCB 文件相关联的所有元器件库都已加载。PCB 元器件库的加载方法与原理图元件库的加载方法完全相同。由于 Altium Designer 采用的标准库是集成库,原理图加载的库包含了 PCB 的元件封装信息。

(3)要注意,新建的 PCB 空白文件必须添加到原理图所在的项目文件下。

以上工作完成后,就可以进行网络表的载入。Altium Designer 系统有两种载入方法:一是在原理图编辑环境中使用设计同步器;二是在 PCB 环境中执行菜单命令"设计"→

"Import Changes From ∗.PrjPcb"。这两种方法的本质是相同的，本书介绍第二种方法。

在 PCB 编辑环境中执行菜单命令"设计"→"Import Changes From ∗.PrjPcb"后，系统会弹出"工程更改顺序"（Engineering Change Order）对话框，如附图 40 所示。

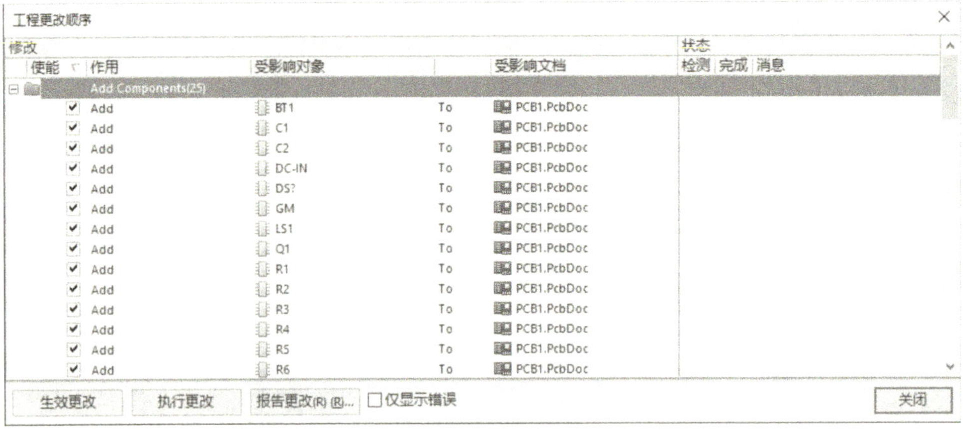

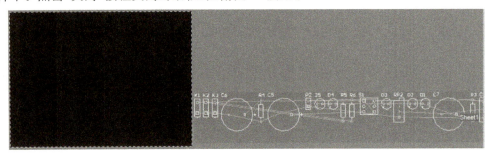

附图 40　"工程更改顺序"对话框

对话框中显示了本次要载入的器件封装及 PCB 文件名等。单击按钮"生效更改"，在 Status 栏内就会显示检查结果，出现绿色的"√"标志，说明对网络及元器件封装的检查是正确的，变化有效；若出现红色的"×"号标志，则说明对网络及元器件封装的检查是错误的，变化无效。如果检查都正确，就单击"执行更改"，系统会将网络及元器件封装载入 PCB 文件中。点击"关闭"按钮关闭对话框，如附图 41 所示。

附图 41　元件载入及飞线

附图 41 中各个元器件管脚间的连线，称为飞线。飞线只是按照原理图电路的实际连接将各个节点相连，表示各个焊点间的连接关系，没有实际的电气连接意义。

2.5　元件布局

在完成网络表载入之后，用户需要将元件封装放入工作区，即附图 41 中的黑色区域，这就是对元件进行布局。在 PCB 的设计中，合理布局是设计成功的第一步。布局方式分自动布局和手动布局两种。自动布局是指设计人员设置好布局规则，系统自动在 PCB 上进行元器件的布局。这种方法效率较高，布局结构比较优化，但缺乏一定的布局合理性，所以在自动布局完成之后,需要一定的手工调整,以达到最终的设计要求。手动布局是指设计者在 PCB 上手工完成元器件的移动、排列等操作。这种布局结果完全由设计者自行掌握,较为实用合理,但效率较低。在实际设计中,通常是两种方法结合使用,完成 PCB 的设计。

由于本书实验内容的电路原理图较为简单,初学者对于 PCB 电路的设计规则较难理解,所以这里介绍手动布局的方法。

手动布局时首先应遵循原理图的连接结构,将电路中最核心的器件放置到合适的位置,然后将其外围器件按照原理图结构放置到核心器件周边合理的位置。通常将具有电气连接的元件管脚就近放置,便于用较短的走线就能实现连通,这样整个电路板在完成布线之后,看起来比较简洁。

(1)元器件的移动和旋转:将鼠标移到要移动的元器件上,按住左键,光标变成一个大"十"字形,移动光标就可以拖动元器件,将其移动到合适的位置,此时如果按下"Space"键,可以 90°旋转元件封装,放开鼠标左键放下元器件。

(2)元器件的排列:调整元器件的位置,并对元器件上标注的文字进行重新定位、调整。在 PCB 上放置完元器件后,一般需要进行一些排列对齐操作,例如可以用鼠标拉框选中一组电阻或电容,执行菜单命令"编辑"→"对齐",系统就会弹出对齐排列菜单,如附图 42 所示。例如,选择"顶对齐"命令,可以使元器件向顶端对齐;或者选择"水平分布",使得元器件在选择区域内水平分布。

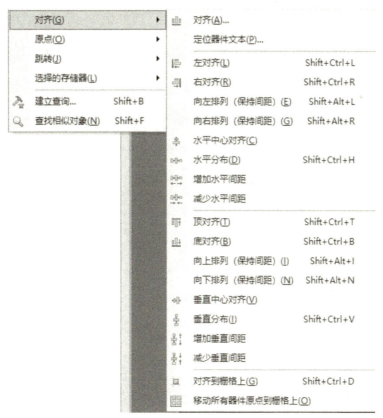

附图 42 对齐排列菜单

元件的布局一般遵循以下原则：保证电路功能和性能指标；满足工艺性、检测和维修等方面的要求；元件排列整齐、疏密得当，兼顾美观性。对于初学者，需要注意以下几点：

（1）按照信号流向布局，遵循信号从左到右或从上到下的原则，按照信号流向逐一放置元件，便于信号的通畅。

（2）优先确定核心元件的位置，围绕核心元件布局其他的关联器件。

（3）要考虑电路的电磁特性，通常强电电流与弱电信号部分要远离，以防干扰。

（4）布局时要考虑器件的热干扰，对于发热元件要考虑散热的措施。对于温度敏感的元件，如晶体管、集成电路、热敏元件等，要远离热源器件。

（5）可调元件布局时需考虑其机械结构，便于操作。

2.6 PCB 布线

在 PCB 设计中，布线是完成设计的重要一环。布线设计过程限定最高、技巧最细、工作量最大。PCB 布线分为单面布线、双面布线和多层布线三种。同样，布线方式也分为自动布线和手动布线两种。自动布线操作方便，效率高，但是仍然会有一些不合理的地方，需要手工调整。所以在实际设计中通常结合使用，获得最佳的布线效果。

2.6.1 PCB 规则设置

通过执行菜单命令"设计"→"规则..."，打开"PCB 规则及约束编辑器"对话框，如附图43 所示。对话框中提供了十类规则，与布线相关的主要是 Electrical（电气规则）和 Routing（布线规则）。下面简单介绍这两类规则。

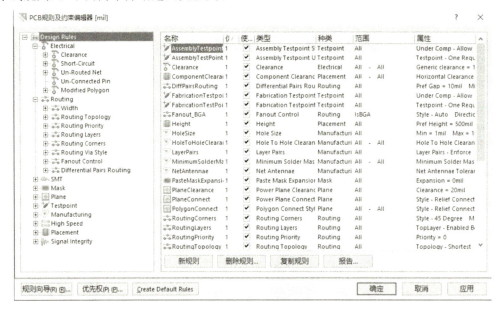

附图 43 "PCB 规则及约束编辑器"对话框

1. 电气规则设置

电气规则是针对具有电气特性的对象,用于系统的 DRC 电气校验。当布线过程中有违反电气规则的布线出现时,DRC 校验器将自动告警,提醒用户修改布线。

点击前面的"+"号,打开电气规则的子菜单,可以看到有五项子规则,分别是:

• Clearance 安全间距:用于设置 PCB 设计中导线、焊盘、过孔等对象相互间的最小安全距离,避免彼此间空隙过小而产生电气干扰。

• Short Circuit 短路:用于设置短路的导线是否允许出现在 PCB 板上,系统默认为不允许。

• Un Routed Net 未布线网络:用于检查 PCB 中指定范围内的网络是否已完成布线,对于没有布线的网络,仍以飞线的形式保持连接。

• Un Connected Pin 未连接引脚:用于检查指定范围内的器件引脚是否已连接到网络,对于没有连接的引脚,给予高亮显示的警告提示。

• Modified Polygon 修改敷铜:用于检查指定范围内未敷铜的多边形是否允许修改。

2. 布线规则设置

点开布线规则的子菜单,可以看到有八项子规则,分别是:

• Width 布线宽度是指 PCB 布线时允许采用的导线宽度,如附图 44 所示。

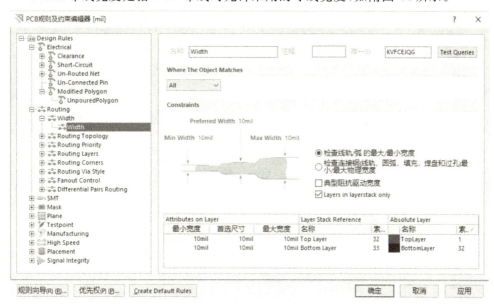

附图 44   Width 规则设置界面

• Routing Topology 布线拓扑逻辑用于设置自动布线时同一网络节点间的布线方式。

• Routing Priority 布线优先级用于设置 PCB 中网络布线的先后顺序。

• Routing Layers 布线层用于设置在自动布线过程中允许布线的工作层。

• Routing Corners 布线拐角用于设置自动布线时导线拐角的模式。

- Routing Via Style 布线过孔用于设置自动布线时放置的过孔（Via）尺寸参数。
- Fanout Control 扇出布线用于设定对贴片元器件进行扇出式布线的规则。
- Differential Pairs Routing 差分对布线主要用于对一组差分对设置相应的参数。

2.6.2　自动布线

在设置好布线参数之后，执行菜单命令"自动布线"→"AutoRoute"→"全部"，将弹出"布线策略"对话框，如附图 45 所示。

附图 45　自动布线方式

若各项设置已完成，单击"Route All"，系统开始按照设定的布线规则自动布线，同时弹出信息面板，显示布线进程信息。

2.6.3 手动布线

对于初学者,手动布线是必须掌握的一项技巧。自动布线的结果往往会有很多不令人满意的地方,需要设计者手工调整。还有一些自动布线规则无法设定的布置,也需要人为手动添加。

1. 交互式布线方式 Interactively Route Connections

对于从原理图导入 PCB 的电路,各焊点间的网络连接都是已经定义好的(飞线连接的网络),此时用户可以采用交互式走线模式进行布线。

(1)从编辑窗口下方的板层标签中选择需要布线的层面,单面板通常选择"Bottom Layer",如果是双面板,除了"Bottom Layer"外,还可以选择"Top Layer"。

(2)执行菜单命令"自动布线"→"交互式布线",或是单击布线工具栏(参见附图 33)左起第二个图标,可以启动绘制导线。

(3)此时光标变成了大"十"字形状,将鼠标移到布线网络的起点处,光标中心会出现一个八角空心符号,如附图 46 所示。此时单击鼠标左键,八角空心符号所在点就会形成有效的电气连接,布线就开始了,移动鼠标至下一个焊盘连接点,线路会自动延伸。在导线的拐弯处单击鼠标左键,可以确定导线的拐点;在导线终点处再次单击鼠标左键,就完成了一次布线操作。

(4)如果一条布线结束,系统会自动开始下一条布线,如果布线还未完成,可以单击鼠标右键开始重新布线。如果再次单击鼠标右键,光标变为箭头,则退出交互式布线状态。如附图 47 所示。

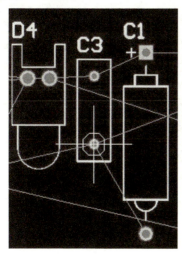

附图 46　开始布线

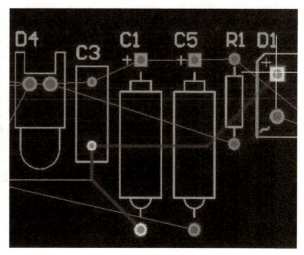

附图 47　完成一次布线

(5)在布线过程中,按"TAB"键,就会弹出"Interactive Routing For Net"对话框,如附图 48 所示。

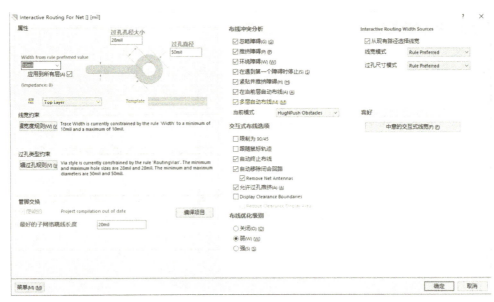

附图 48 "Interactive Routing For Net" 对话框

在该对话框中，可以进行导线的宽度、布线的层面以及过孔的内/外直径等参数的设置，还可以对交互式布线冲突解决方案和布线选项等进行设置。

（6）如果要对已有的布线再次调整属性，可以鼠标双击该条布线，弹出"Track"编辑窗口，如附图 49 所示。在对话框中，可以重新设置布线的宽度、层面、所在网络等参数。

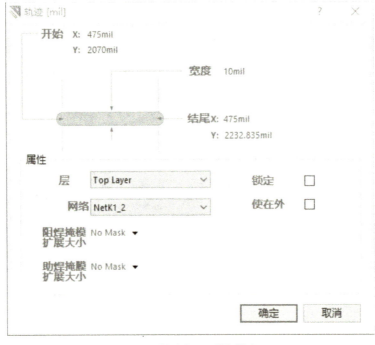

附图 49 轨迹 "Track" 编辑窗口

2.6.4　DRC 检测

设计规则校验有两种运行方式,即在线 DRC 和批处理 DRC。在 PCB 的设计过程中,如果开启在线 DRC 功能(参见附图 36"板层显示"对话框,勾选"DRCError Markers",系统会随时以绿色高亮显示违规的设计部分来提醒设计者,并阻止当前的违规操作。也可以在布线完成后,执行菜单命令"工具"→"设计规则检查",用批处理 DRC 的方式,对电路板进行一次完全的设计规则检查,用来自动检测布线结果是否符合设置的要求,或检查电路中是否还有未完成的网络走线等,相应的违规设计也将以绿色进行标记。"设计规则检测"对话框如附图 50 所示。

附图 50　"设计规则检测"对话框

2.7　PCB 图的一些其他处理

2.7.1　更改元件封装

绘制 PCB 的过程中,如果发现个别元件的封装需要更改,可以双击该元件,弹出元件属性窗口,如附图 51 所示。

在对话框的封装区域内，点击名称栏右侧的"…"按键，进入库元件浏览窗口，如附图52所示。从封装库中重新选择适合的封装后，点击"确定"按键，完成更改。

附图51　元件属性对话框—封装

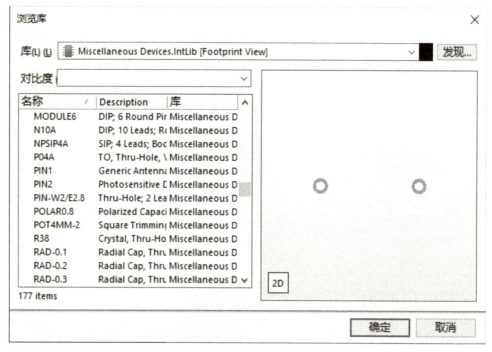

附图52　库元件浏览窗口

2.7.2　补泪滴

在PCB设计中，为了让焊盘更坚固，增强耐用性，常在焊盘和导线的连接处用铜膜布置一个过渡区，因其形状像泪滴，故称作补泪滴。执行菜单命令"工具"→"滴泪"，系统弹出"Teardrops"对话框，进行设置，如附图53所示。

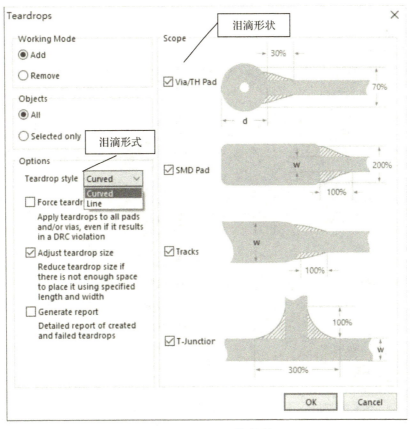

附图 53　"Teardrops"对话框

2.7.3　覆铜

将 PCB 板上闲置的空间作为基准面,用实体铜进行填充,称为覆铜,也称作灌铜。覆铜区域可以和电路中一个网络相连,多数情况是和 GND 相连接。执行菜单命令"放置"→"填充",或"放置"→"多边形覆铜",都可以实现覆铜效果。"多边形覆铜"对话框,如附图54 所示。

覆铜的意义在于:

- 对于大面积的地或电源覆铜,可以起到屏蔽作用或防护作用
- 覆铜是 PCB 工艺要求,保证电镀效果或层压不变形
- 覆铜是信号完整性的要求
- 覆铜是散热要求或某些特殊器件安装的要求

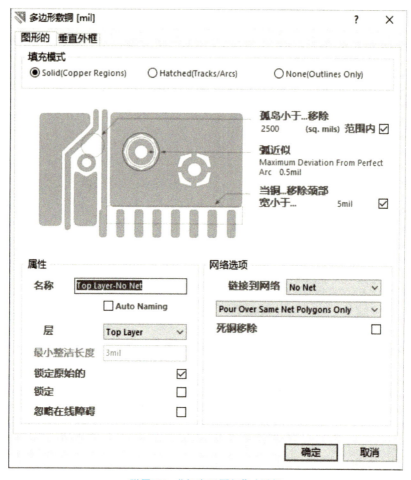

附图 54　"多边形覆铜"对话框

2.7.4　包地

为了提高某些网络布线对噪声信号的抗干扰能力,在这些网络布线周围特别围绕一圈接地布线,就是所谓的包地。

参考文献

1. 编委会.低压开关柜安装调试运行与维护手册.北京:中国电力出版社,2005

2. 方大千,等.简明电工速查速算手册.北京:中国水利水电出版社,2004

3. 贺湘琰.电器学(第2版).北京:机械工业出版社,2000

4. 低压开关设备和控制设备(GB14048-2023)

5. 电线电缆识别标志方法(GB/T6995-2012)

6. 外壳防护等级(IP码)(GB4208-2017)

7. 剩余电流动作保护装置安装和运行(GB/T13955-2017)

8. GB50052 供配电系统设计规范(GB50052-2019)

9. 标准电压(GB/T156-2017)

10. 特低电压(ELV)限值(GB/T3805-2008)

11. 接地系统的土壤电阻率接地阻抗和地面电位测量导则(GB/T17949.1-2016)

12. GB50052-2009 供配电系统设计规范(GB50052-2009)

13. GB51348-2019 民用建筑电气设计标准(GB51348-2019)

14. GB50054-2011 低压配电设计规范(GB50054-2011)

15. GB/T2471-1995 电阻器和电容器优先数系(GB/T2471-1995)

16. JB/T2930 低压电器产品型号编制方法(JB/T2930-2007)

17. JGJ/T16 民用建筑电气设计规范(JGJ/T16-2018)

18. 付家才.电子工程实践技术.北京:化学工业出版社,2003

19. 毕满青.电子工艺实习教程.北京:国防工业出版社,2003

20. 汤元信.电子工艺及电子工程设计.北京:北京航空航天大学出版社,1999

21. 陈光明,施金鸿,桂金莲.电子技术课程实际与综合实训.北京:北京航空航天大学出版社,2007

22. 王卫平.电子工艺基础.北京:电子工业出版社,2003

23. 周润景,郝媛媛.Altiumdesigner 原理图与PCB设计(第2版).北京:电子工业出版社,2012

24. 叶挺秀,潘丽萍,张伯尧.电工电子学,5版).北京:高等教育出版社,2021

25. 赵悦. AltiumDesigner17 原理图与 PCB 设计教程. . 重庆：重庆大学出版社，2019

26. 曹文，贾鹏飞，杨超. 硬件电路设计与电子工艺基础. 2 版. 北京：电子工业出版社，2019

27. 姚福安，徐向华. 电子技术实验-课程设计与仿真. 北京：清华大学出版社，2014

28. 杨天宝主. 高低压配电技术手册[M]. 哈尔滨：哈尔滨工业大学出版社，2021.

29. 全球能源互联网发展合作组织. 清洁能源发电技术发展与展望. 北京：中国电力出版社，2020.